ABHANDLUNGEN DER DEUTSCHEN AKADEMIE
DER WISSENSCHAFTEN ZU BERLIN

Klasse für Bergbau, Hüttenwesen und Montangeologie

Jahrgang 1964 Nr. 1

H.-J. BEHR

DIE KORNGEFÜGEFAZIES DER ZWEIGÜRTELTEKTONITE IM KRISTALLINEN GRUNDGEBIRGE SACHSENS

Mit 19 Abbildungen und 3 Tabellen

AKADEMIE-VERLAG · BERLIN

1964

Vorgelegt von Hrn. Watznauer in der Klassensitzung vom 2. Mai 1963

Zum Druck genehmigt am gleichen Tage, ausgegeben am 30. Mai 1964

Erschienen im Akademie-Verlag GmbH, Berlin W 8, Leipziger Straße 3–4

Lizenznummer: 202 · 100/509/64
Gesamtherstellung: VEB Druckerei „Thomas Müntzer" Bad Langensalza
Bestellnummer: 2001/64/III/1 · ES 18 F 2/3 · Preis: DM 7,80

INHALT

1. Einleitung

Die Einbeziehung der Gefügeform in die Untersuchung metamorpher Komplexe ist für geologische Fragestellungen unerläßlich. Während die mineralfazielle Gliederung den chemischen Bestand und die Mineralphasen erfaßt sowie gewisse Rückschlüsse über die durchlaufenen Temperatur- und Druckfelder erlaubt, gestattet die Betrachtung des Gefüges Einblick in die Mechanik der Deformation, die Symmetrie der Verformung, die Beteiligung von Lösungsphasen und läßt Beziehungen zur Temperatur- und Tiefenlage des Objektes während des Verformungsprozesses ableiten. Für diese technologische Seite der Gesteinsbildung sind in den Arbeiten von B. SANDER und W. SCHMIDT vergleichbare „gefügefazielle" Merkmalsgruppen herausgearbeitet worden. „Soweit man annehmen darf, daß eine Umformung sich differentiell über den Gesteinskörper ausbreitet, bedeutet die Grenze zweier Gebiete verschiedener Gefügefazies die Grenze zweier tektonischer Einheiten" (SCHMIDT 1925, S. 64). Dieser Satz ist sowohl für ein allochthones Über- und Nebeneinander verschieden beanspruchter tektonischer Einheiten gültig, trifft aber auch für parautochthone tektonische Stockwerke zu, deren Gefügeänderung durch zunehmende Metamorphose, Rekristallisation und steigenden Lösungsumsatz bedingt wird. SCHMIDT unterscheidet Groß-, Mittel- und Kleinformen des Gefüges. Während die beiden ersten ein gemeinsames Abbild der ihnen zugeordneten Verformung widerspiegeln, sei eine Korrelation mit dem Kleingefüge nur bedingt möglich. Das Korngefüge ist im Gefolge chemischer Umformung oft unabhängig von den Großformen entstanden und kann z. B. bei der Herausbildung einer Kristallisationsschieferung zu Symmetrieerhöhungen im Gefüge führen.

Der reiche Formenschatz an Groß- und Mittelgefügen im Schiefergebirge verliert im höher kristallinen Stockwerk seine Mannigfaltigkeit und Verbreitung, dafür steigt mit zunehmender Rekristallisation die Voraussetzung für eine bessere Erfassung und Analyse des Korngefüges.

Bei Gefügeuntersuchungen in den metamorphen Gesteinen Sachsens erwies sich der Quarz als besonders geeigneter Indikator, um großtektonische Fragen über die Kartierung korngefügefazieller Einheiten weiter zu verfolgen. Es liegt dem Autor in Vorbereitung einer Gefügefazies-Karte umfangreiches Diagrammaterial vor, das Anlaß gab, dem sehr weit verbreiteten Regelungstyp der Zweigürtel besondere Beachtung zu schenken. Es soll versucht werden, die für Korngefügefaziesbetrachtungen notwendige, arbeitsintensive Kornanalyse qualitativ besser auszuwerten, um sie für rein geologische Fragen attraktiver zu gestalten.

Im ersten Teil dieser Arbeit werden verschiedene Beispiele von Zweigürteltektoniten näher analysiert und die Ergebnisse anschließend in Hinblick auf den Regelungsmechanismus und die geologischen Schlußfolgerungen besprochen. SCHMIDT (1926) beschrieb als erster Quarzachsendiagramme von dem hier behandelten Typ und benannte sie „Zweigürtel", bei FAIRBAIRN (1949) findet sich die Bezeichnung „oblique girdl" und bei SANDER (1950) der Begriff „Zweigürtelbilder (Kreuzgürtel)". Der Winkel φ, unter dem sich die beiden Gürtel über c kreuzen, liegt häufig bei 90°, es können aber alle Werte von ~120° bis etwa 30° auftreten. Für die Ableitung dieser Gürtel wurden verschiedene Möglichkeiten in Betracht gezogen: 1. Jeder Gürtel repräsentiert als *ac*-Gürtel eine eigene Deformation. Die Zweigürtelbilder stellen als instabiles Zwischenglied den Übergangstyp zwischen zwei verschiedenen, zeitlich aufeinander folgenden Deformationsetappen dar (Cloos 1935).

2. Die Gürtel entstehen bei einschariger Durchbewegung und Einformung des Quarzes mit den dichtest besetzten Raumgittergeraden und -ebenen in die Großgleitrichtung und Großgleitflächen. Nach dieser von Schmidt (1927) vertretenen Auffassung kann durch Konkurrenz verschiedener Gitterebenen, die in Abhängigkeit von den Deformationsbedingungen aktiv werden, ein Zusammenklappen der beiden Schiefgürtel zu einer Eingürtelregelung erfolgen. Liegt $(10\bar{1}\bar{1})$ in *s* mit $[2\bar{1}\bar{1}0]$ in *a*, führt das zu Maxima in der *bc*-Zone, die 38° gegen *b* geneigt sind; so wird der größte Winkel φ von 84° in den Diagrammen von Schmidt erklärt. Liegt $(2\bar{1}\bar{1}2)$ in *s* mit $[2\bar{1}\bar{1}3]$ in *a*, ergibt sich ein Max. in *ac*, das 41° von *a* entfernt liegt. Die Konkurrenz beider Möglichkeiten führt zu Zwischenlagen mit unterschiedlichem Winkel φ, wobei ein Winkel von 60° bevorzugt werden soll.

3. Sander (1950) verknüpft beide Gürtel genetisch mit gleichaktigen zweischarigen Scherungsebenen und führt die Maxima auf unmittelbare oder mittelbare Orientierung der Quarzachsen zu diesen Flächensystemen zurück. Die Maximapaare innerhalb der Gürtel könnten nach Sander eventuell durch Achsenregelung parallel den Schnittkanten von $Okl/O\bar{k}l$- mit $hOl/\bar{h}Ol$-Flächen erzeugt werden. Nach dieser Hypothese sind Zweigürtel Anzeichen einer rhombischen Pressung senkrecht *ab* mit zwei je zweischarigen Flächensystemen.

2. Gefügeanalyse verschiedener Zweigürteltektonite aus dem sächsischen Grundgebirge

2.1 Die Granulite des sächsischen Granulitgebirges

Zweigürteldiagramme von Quarz mit einem Winkel φ von etwa 90° wurden aus verschiedenen Granulitgebieten bekannt.

Auch im sächsischen Granulitgebirge ist dieser Regelungstyp verbreitet, allerdings bei strenger Bindung an die Randäquivalente in Abhängigkeit von einer *b'*-Lineation, die senkrecht auf einer gleichaktigen Lineation im Körperinneren steht (Behr 1961). Diesen Randhorizont mit Zweigürtelregelung unterscheidet von der Kernzone weiterhin eine kräftige Durchbewegung mit zahlreichen *b*-achsialen Verformungsstrukturen. An jenen Stellen, wo der Granulit von den starren Einheiten der hangenden Metabasite gleitend überfahren wurde, stellt sich mit Max. II monokline Regelungssymmetrie ein. Während in den Granuliten der Kernzone *s*-parallele Monoquarzdisken und Tapeten aus Plattenquarzen vorherrschen ohne wesentliche Streckung der Körner in *b*, sind in den Randgebieten die Quarze deutlicher gestreckt, etwa im Verhältnis 1:3, und die Tapeten tendieren zur Auflösung in Spindelkörper parallel *b*. Entsprechend der größeren Streckung tritt die Lineation hier auch kräftiger in Erscheinung. Durchbewegung, Streckung, Kristallisation der Plattenquarze und Quarzgitterregelung sind an eine variskische Überprägung des älteren Granulitkörpers unter gneisamphibolitfaziellen Bedingungen geknüpft.

Dem Zweigürtel steht in der Kernzone der Pseudozweigürtel mit zwei Kleinkreisen um *c* als beherrschender Regelungstyp gegenüber. In der Abb. 1 ist von 56 Pseudozweigürteldiagrammen das Maximum der Öffnungswinkel gemessen über *c* zwischen 105—125° abzulesen.

Kamb (1959) und Brace (1960) haben die Bildung von Kleinkreisgürteln mit Hilfe einer thermodynamischen Theorie im monoaxialen Spannungsfeld und infinitesimalem elastischem Strain zu erklären versucht. Das Gefüge tendiert zu einem Gleichgewichtssystem mit kleinster freier Gitterenergie. Bei elastisch anisotropen Kristallen ist die Größe dieser freien Energie und damit auch das chemische Potential abhängig von der Einspannung des Kornes in das Stress-System. Nach BRACE liegt die Richtung größter Elastizität für Tiefquarz etwa 70° zur c-Achse geneigt. Bei einer Orientierung der Quarzkörner mit der Achse größter Kompressibilität parallel zum Stress würde dies Kleinkreisen mit einem Öffnungswinkel von etwa 140° entsprechen. Der festgestellte Winkel erreicht diese Größe jedoch nicht. KAMB geht von der schon durch SONDER (1933), HIETANEN (1938) und ESKOLA (1939) diskutierten Annahme aus, daß bei Tiefquarz der Elastizitätsmodul $E \| c > E \perp c$ ist. Nach KAMB schlägt der Regelungsweg bei Anwesenheit oder Fehlen einer intergranularen Lösungsphase verschiedene Wege ein. Für unser Gestein ist der erste Fall gültig. Es zeigt sich aber, daß bei Quarz und verschiedenen hexagonalen Mineralen Orientierungen auftreten, die weder parallel noch senkrecht zur Stressachse gerichtet sind, sondern Zwischenlagen einnehmen. Unter Berücksichtigung des chemischen Potentials bei verschiedener Winkellage der Elastizitätsachsen kommt KAMB zu

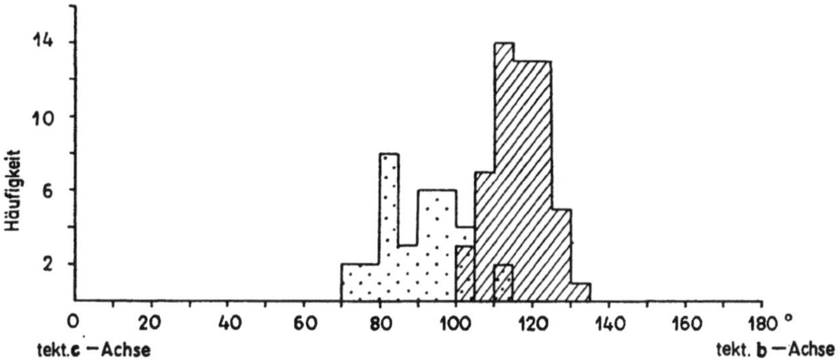

Abb. 1

56 Öffnungswinkel φ von Kleinkreisen aus Pseudozweigürteldiagrammen über c gemessen (schraffierter Bereich).

33 Öffnungswinkel φ von Zweigürteln über c gemessen (punktierter Bereich). Alle Diagramme bezeichnen Proben aus dem Granulitgebirge.

dem für uns brauchbaren Ergebnis, daß sich Kleinkreise etwa 60° von $z = c$ entfernt entwickeln, wenn $p_z > p_x$ ist und $p_x = p_y$, d. h. in unserem Fall, wenn der Stress senkrecht zur Schieferung größer als der in der Schieferung ist. Diese Annahme scheint durch das Zurücktreten bis Fehlen jeglicher achsialer Deformationsstrukturen sowie die Beherrschung des Gefüges durch eine einzige s-Fläche, eine Kristallisationsschieferung mit dem BECKE-RIECKE-Prinzip als Diktator, gerechtfertigt. Eine Beschreibung der unter diesen Bedingungen entstandenen typischen Korndurchwachsungen und -verschränkungen gab SENG (1931). Schon SANDER (1933) legte dar, daß zur Zeit der Pseudozweigürtelregelung im Granulit keine großen Teilbewegungen und tektonischen Transporte stattgefunden haben.

Die Belegung der beiden Kleinkreise ist in den tiefsten Kerngranuliten am gleichmäßigsten, in dachnäheren Partien gruppieren sich die c-Achsen in verschiedene höher besetzte Maxima. Um über eventuelle Gesetzmäßigkeiten in der Kleinkreisbestückung mit Maxima eine Übersicht zu erhalten, wurden in Abb. 2 aus 56 Pseudozweigürteldiagrammen 293 Haupt- und Nebenmaxima über 3% Belegungsdichte für den oberen und unteren Kleinkreis gesondert abgetragen. Im oberen Diagramm sind nochmals beide Maximareihen einander überlagernd dargestellt. Deutlich hebt sich die große Häufigkeit der Randmaxima (Max. III) ab, die aber nur selten Hauptmaxima darstellen. Im Innenfeld lassen sich fünf Häufungsstellen erkennen, die jeweils etwa 35° voneinander entfernt liegen. Diagramme, in denen alle diese Maxima regelmäßig auf beiden Kleinkreisen ausgebildet sind, konnten jedoch nicht nachgewiesen werden, die Maximabestückung und -belegung ist vielmehr fast stets triklin. Hauptmaxima sind sehr häufig jene, die bei 20° bzw. 160° liegen. Ebenso sind die bei 90° erscheinenden Max. II dort überbesetzt, wo monokline Deformation mit $p_x > p_z > p_y$ eigengesetzliche Regelungstypen hervorruft und die Pseudozweigürtel sich aufzulösen beginnen.

Mit Annäherung an die Randzone bilden sich die Pseudozweigürtel in echte Zweigürtel um. Die Randmaxima werden höher belegt, und der Winkel φ verkleinert sich auf etwa 80—100° (Abb. 1). Max. I schweißt die Kleinkreise zusammen, so daß zwei sich in *a* schneidende Schräggürtel entstehen. Innerhalb der Gürtel erscheinen an fixen Punkten Maxima (s. S. 35). Im Gegensatz zur Kernzone sind häufig *Okl*-Scherflächen parallel den Quarzgürteln durch Parallelstellung feinster Glimmerschüppchen ausgebildet.

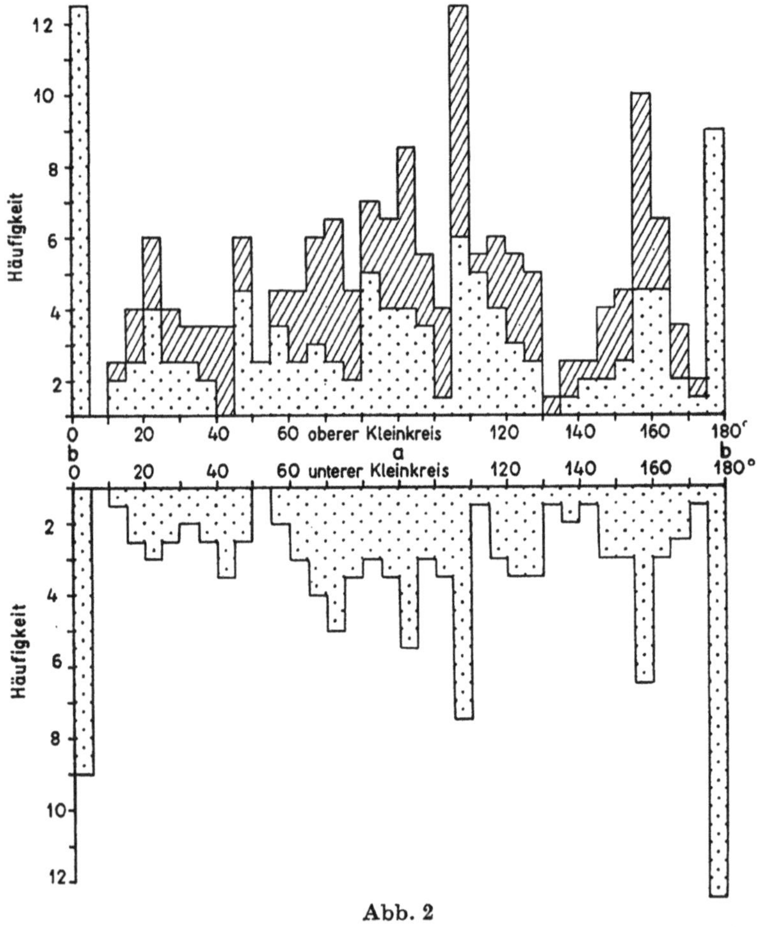

Abb. 2

Position von 293 Maxima aus 56 Pseudozweigürteldiagrammen des sächsischen Granulitgebirges gesondert nach dem oberen und unteren Kleinkreis um *c* ausgewertet. Dargestellt ist die Winkelentfernung vom linken Diagrammrand über *a* zum rechten Diagrammrand. Der schraffierte Bereich stellt die Summierung der Maxima des unteren Kleinkreises zu denjenigen des oberen Kleinkreises dar.

Es wird angenommen, daß die Pseudozweigürtel der Kernzone einer reinen Kristallregelung in Funktion des Becke-Riecke-Prinzips bei Einpassung in einen Stress $p_z > p_x$ mit p_z senkrecht zur Kristallisationsschieferung ihre Entstehung verdanken. Die annähernd vertikale Komponente p_z wird mit einem frühvariskischen beulenartigen Grundgebirgsauftrieb (Behr 1961) in Verbindung gebracht. Die thermodynamisch stabilste Orientierung in diesem Stress-System wird bei Annäherung an die Dachregion durch beginnende Konkurrenz von p_z mit horizontalen Komponenten und Einsetzen „mechanisch plastischen Fließens" modifiziert und im Diagramm durch die Bildung einzelner Maxima und Submaxima sichtbar. In der Abscherzone zum Schieferdach überwiegt schließlich der Horizontalstress p_x die vertikale p_z-Komponente und löst Streckung in *b'*, monokline Deformationen bis zur Blatt-für-

Blatt-Gleitung in *s* mit Max. II und einen weitverbreiteten *Okl*-Scherflächenmechanismus mit eigengesetzlicher Zweigürtelregelung aus. Obwohl die Zweigürtelgranulite bis auf die *Okl*-Glimmer keinen Unterschied im Kornstrukturbild gegenüber den tieferen Äquivalenten aufweisen, muß für sie das BECKE-RIECKE-Prinzip als Grundlage für Korngestalt und Kornbau ausscheiden, p_z müßte sonst als maximale Differenzspannung auf beiden *Okl*-Flächen senkrecht gestanden haben, was mechanisch unmöglich ist. Unabhängig vom Kornbau wird die Korngestalt in der tieferen Kernzone von isolierten Quarzdisken, in der höheren Kernzone und in den dachnahen Partien von *s* parallelen Tapeten aus Plattenquarz beherrscht. Dieser Plattenquarz wird auf Grund einer Analyse der Korngrenzen und der verschiedenen Rupturensysteme als postgranulitische Neukristallisation parallel altangelegter und in Dachnähe neu belebter Scherflächenelemente angesehen (BEHR 1963). Das allmähliche Einschwenken von *b* in die normal darauf stehende *b'*-Komponente mit Näherung an die Dachregion drückt sich dabei deutlich in der Kornform und in der Rupturenordnung aus. Der Wandel in der Gefügefazies von der Kernzone zur Dachregion ist Ausdruck eines Wechsels im Quarz-Regelungsmechanismus. Der Regelung durch chemische Umformung in der Kernzone steht das Eingreifen mechanischer Regelungsprinzipien in der Dachregion gegenüber. TROMMSDORF und WENK (1963) belegten den Mechanismus eines Pseudozweigürtels mit Maximum II aus einem „Granulitgneis“ des Tessin als Zwillingsgefüge mit Zwillingsbildung nach $(10\bar{1}1)$. Von den Vff. wird entsprechend einer angenommenen Temperatur von 600° im granulitischen Faziesbereich die Rekristallisation eines durch Plättung angelegten Quarzgefüges im Bereich des Hochquarzes durch Zwillingsbildung nach dem häufigen Esterelgesetz für möglich gehalten. Meine statistischen Untersuchungen der Winkel zwischen c-Achsen benachbarter Quarzkörner in Pseudozweigürteltypen ergaben für diese Ableitung im Falle der sächsischen Granulite keine brauchbaren Anhaltspunkte.

Die Ableitung der Pseudozweigürtel nach dem erwähnten thermodynamischen Modell trifft allerdings nur für Tiefquarz zu, für Hochquarz dürfte φ nur 50—60° betragen. Im Granulitgebirge ist die Quarzregelung jedoch an eine variskische Überprägung unter amphibolitfaziellen Faziesbedingungen geknüpft, so daß die Kristallisation des Quarzes als Tiefquarz anzunehmen ist.

2.11 Triklinisierung granulitischer Zweigürteltypen

In der Nähe des Schieferdaches zeigt das Regelungsbild der Quarzachsen in zunehmendem Maße trikline Tendenz. Sehr ausgeprägt ist die Triklinisierung aber in der Umgebung der hangenden Gabbrokörper. Entsprechende Beispiele aus dem Granulitgebirge sind bei BEHR (1960) und vom moldanubischen Granulitgebiet bei NEMEČ (1959) zu finden. In Abb. 3 ist die zunehmende Triklinisierung von Zweigürteldiagrammen an einem kleinen Gabbroscherkörper aus dem nördlichen Randstreifen des Granulitgebirges analysiert. Die triklinen Eigenschaften drücken sich dabei sowohl in der Realsymmetrie des Regelungsbildes als auch in der Quasisymmetrie aus. Die rhombische Realsymmetrie im normalen Zweigürtelbereich der weiteren Umgebung des Gabbrokörpers wird durch zunehmend ungleiche Besetzung und Lageverschiebung einzelner Maxima innerhalb der Gürtel bei Annäherung an den Gabbro aufgehoben. Als Ausdruck trikliner Quasisymmetrie entfernt sich Max. I aus dem Diagrammittelpunkt. Parallel zur steigenden Triklinisierung verkleinert sich mit Annäherung an den Gabbro, also mit Zunahme der Druckbeanspruchung des Granulits durch den darüber gleitenden starren Körper, der Winkel φ. Um eine zahlenmäßig vergleichbare Größe über das Maß der Triklinisierung zu erhalten, wurde der Regelungsgrad beider Gürtel bestimmt und die Differenz als Triklinisierungsgrad der Realsymmetrie ausgewertet. Der Regelungsgrad nach FISCHER (1960) drückt das Verhältnis der 1-%-Belegungsfläche eines Diagramms zur höchsten Belegungsdichte, die noch 1% der Gesamtfläche einnimmt, in einem zahlen-

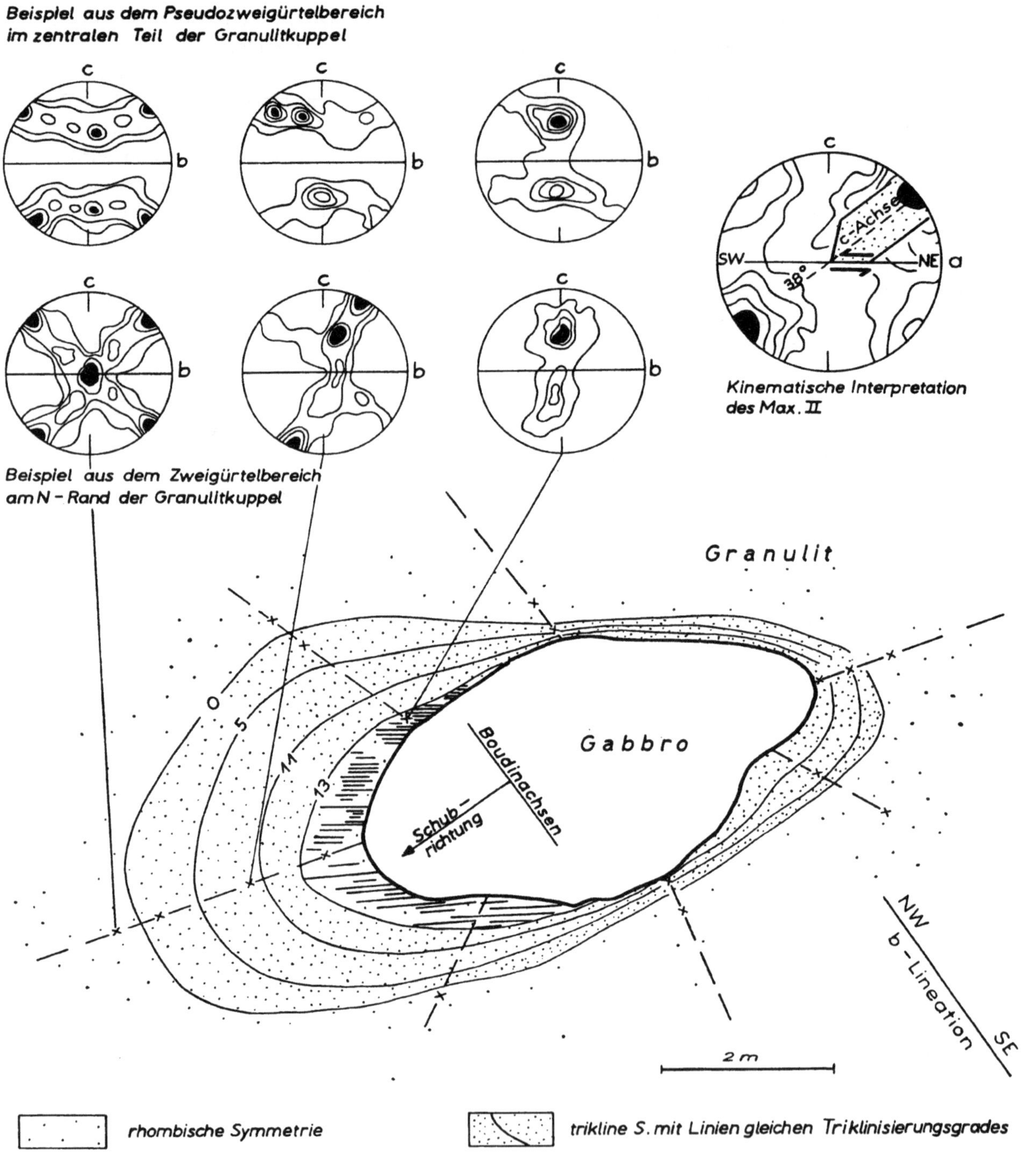

Abb. 3
Beispiel einer Triklinisierung des Quarzgefüges im sächsischen Granulit durch Einwirkung eines Gabbrokörpers.

mäßigen Wert aus. Der Nenner des erhaltenen Ergebnisses wird sodann auf 100 erweitert und mit dem Zähler der Regelungsgrad zum Ausdruck gebracht, der zwischen 1 bis 100 bei steigendem Regelungsgrad schwanken kann.

Die Triklinisierung besitzt den Wert 0, wenn beide Gürtel den gleichen Regelungsgrad zeigen und das Diagramm somit rhombische Realsymmetrie aufweist. Aus Abb. 3 ist ersichtlich, daß die Flächen gleichen Triklinisierungsgrades asymmetrisch um den Gabbro verlaufen und sich im SW senkrecht zur Granulitlineation und senkrecht zur Boudinageachse[1]) am weitesten vom Gabbro entfernen. Zwischen triklinen Regelungsbereich und Gabbro schiebt sich im SW noch ein Streifen mit monokliner Realsymmetrie (Maximum II) ein, wobei jedoch auch hier trikline Tendenz durch Überbesetzung eines der beiden Maxima deutlich ausgebildet ist. Das stärker betonte Maximum liegt dabei, gleiche Blickrichtung der Diagramme nach SW vorausgesetzt, stets oberhalb *ab*.

Unter Annahme der Regelungshypothese von Kojima und Suzuki (1958), nach der die Rhomboederflächen r $(10\bar{1}\bar{1})$ und z $(01\bar{1}1)$ in die Scherflächen zu liegen kommen und Gittertranslation parallel diesen Ebenen nur in Richtung der Achsenneigung stattfindet, läßt sich der Relativsinn der Bewegung bestimmen. Entsprechend dem Winkel zwischen den Rhomboederflächen und der c-Achse muß der Abstand beider Maxima II von a etwa 38° betragen. Es ergibt sich, daß jeweils das Hangende der Scherflächen nach SW gerückt wurde, dies bedeutet einen Vorschub des Gabbros gegenüber seiner Unterlage nach SW. In Übereinstimmung mit diesem Ergebnis steht die kräftige, weit ins Vorland eingreifende Triklinisierung in Druckrichtung des Gabbros, während die Symmetrieerniedrigung im Rückland nur einen sehr schmalen Streifen umfaßt. In unmittelbarer Nähe des starren Schubkörpers steigert sich die Disharmonie der Verformung bis zur Scherung parallel *ab* mit monokliner Deformations- und Regelungssymmetrie. Auf diese Weise läßt sich der Relativsinn der Bewegung auch über den Triklinisierungsgrad ableiten.

Eine Erklärung für den Unterschied im Regelungsgrad zwischen den beiden Gürteln ist mit dem Prinzip der Strain-Hypothese von Schmidt (1932) und unter der Voraussetzung möglich, daß beide Gürtel $Okl/O\bar{k}l$-Scherflächen entsprechen. Schmidt erklärt die Unterdrückung oder häufige Unterentwicklung einer Flächenschar bei zweischarigen Flächenpaaren in ähnlicher Weise wie Becker (1893) mit rotationellem Strain. Die Ebenen maximalen Scherstrains rotieren im gleichen Sinn wie die Achsen des Strainellipsoides. Da die aktiven s-Flächen gegenüber diesen Ebenen maximalen Scherstrains einen materialbedingten Winkel bilden, entfernt sich die eine Ebene um den ganzen Rotationsbetrag von der entsprechenden primären s-Fläche, während die andere Ebene erst über die auf ihrer Seite befindliche primäre s-Fläche hinweg rotieren muß. Auf dieser zweiten Seite bildet sich durch „geschiente" Aufnahme der Scherung und dadurch weitere laufende Betätigung der vorangelegten primären s-Fläche und dazu subparallelen Ebenen die kräftigere Flächenschar heraus. Verläuft die Deformation in diesem Sinn, so muß es möglich sein, den Rotationssinn zu ermitteln.

In dem oben angeführten Beispiel sind auf beiden Seiten des Gabbrokörpers die jeweils kräftigeren Gürtel entgegengesetzt orientiert, d. h., es müßte auf beiden Seiten ein entgegengesetzt gerichteter Rotationssinn parallel zur b-Lineation und am a gewirkt haben. Das ist erklärbar mit einer Materialverdrängung durch den Gabbro und einem sich einseitig vom Gabbro entfernenden Materialfluß oder aber, was das gleiche Erscheinungsbild erzeugt, mit einem Materialstau während der Längung in b um die starre Gabbroinsel. In dem Bereich rhombischer Symmetrie ist der triklinisierende Einfluß ausgeglichen, und der Materialfluß kann parallel b kontinuierlich nach beiden Seiten erfolgen.

---

[1]) Das vielfältige Bild der Boudinagen und Mikroboudinagen in den ebenfalls stark deformierten „Flasergabbros" beschreibt K. H. Scheumann (1956).

Weitverbreitet ist eine derartige trikline Zweigürtelentwicklung z. B. im südlichen inneren Schiefermantel des Granulitgebirges (BEHR 1960). Zum Teil ist dort nur ein Schräggürtel vorhanden, während vom anderen oft nur unterbesetzte Max. III zur Ausbildung kamen. Da alle voll entwickelten Gürtel die gleiche Orientierung aufweisen, läßt sich daraus die Schubrichtung des Mantels zur Zeit der Quarzregelung ableiten.

2.2 Granulite und Aplitgneise mit Granulittendenz aus den Muskowitplattengneisen (mgn) von Zöblitz/Erzgebirge

Die Tendenz zur Zweigürtelregelung ist überall in den stärker deformierten Rotgneisen des Erzgebirges festzustellen. Bei kräftiger monokliner Durchbewegung sind vielfach alle Übergänge bis in *ac*-Gürtel sowie Maximum II und Maximum I zu beobachten. Ein besonders instruktives Beispiel für die Entwicklung von Zweigürtelregelungen und die Abhängigkeit der Winkelgröße φ von der Streckung in *b* bieten die Gneise mit Granulittendenz von Zöblitz.

Ihre petrographische Entwicklung wurde von BEHR, FRITSCH, MANSFELD (1964) beschrieben. Zusammenfassend lassen sich folgende Entwicklungsstufen unterscheiden:

1. Migmatisierung eines Paragesteinskomplexes im Gefolge syntektonischer Durchtränkung mit granitaplitischem Material zu kleinkörnigen Granit- bis Granodioritgesteinen.
2. Vergneisung mit reichlicher Disthen- und Granatbildung bei lokaler Einstellung granulitischer Fazies in mechanisch besonders begünstigten Horizonten. Anlage von s_1.
3. Platznahme von grobkörnigen Granodioritlagergängen und Pegmatiten.
4. Kräftige Durchbewegung mit umfangreicher parakristalliner Muskowitisierung und 2. Granatgeneration. Anlage von s_2.
5. Durchwärmung des Komplexes (eventuell durch spätvariskische Granite) und beginnende Biotitneubildung auf Kosten von Muskowit.
6. Tiefthermale Grünschieferfazies, Albitblastese, schwache Durchbewegung.

Während der Etappen 1—2 stellt sich in dem Komplex eine „weiche", von chemischer Umformung begleitete Tektonik ein, zum Teil mit turbulenten, verstrudelten, fließfaltenartigen Formen und großwelligen Verbiegungen, Flexuren und Beulungen. Sowohl die Gesteine mit Granulittendenz als auch die Einstellung echter Granulitfazies ist auffällig an langgestreckte, plattenförmige Körper gebunden, die auf der Karte linienförmig aneinandergereiht erscheinen und in mechanisch besonders kräftig beanspruchte Zonen fallen.

Die megaskopischen Hauptformen des Achsengefüges, die Kleinfaltung und *b*-Lineation, sind Merkmale der unter Punkt 4 erwähnten Durchbewegung.

Die rhombische Quasisymmetrie des Quarzgefüges weist wiederum für die Kornregelung eine genetische Zugehörigkeit zur Lineation aus. Das lineationstragende Flächengefüge s_2 zeichnet weitgehend ältere *s*-Flächen nach. Im Bereich der Zöblitzer mgn-Einheit ist dies besonders deutlich an der Parallelität der tektonischen s_2-Fläche mit einem stofflichen Lagenbau von parakraten Glimmerschiefern, Bio-Plag-Gneisen, dichten Gneisen, kalksilikatischen Körpern, Amphiboliten, Eklogiten und Orthomaterial zu sehen. Andererseits gibt es, wenn auch weit weniger häufig, sich unter verschieden großen Winkeln diskordant schneidende Flächensysteme des älteren Lagenbaues $ss \parallel s_1$ und der tektonischen Hauptfläche s_2. s_2 wird in erster Linie durch die Muskowitregelung hervorgehoben, aber auch durch einen stofflichen Lagenwechsel von Quarz/Feldspat infolge mechanisch begünstigter metamorpher Differentiation. Der Feldspat zeigt bei der Durchbewegung sehr rasch einen granulösen Zerfall und strebt die Bildung einer feinkörnigen Grundmasse an, in der sich Quarzkornspindeln ausbilden.

Die Granulite von Zöblitz zeichnen sich gegenüber denen des Granulitgebirges durch eine sehr kräftige Streckung aus. Mit der Tendenz zur granulitischen Fazies ist im Gegensatz zum Granulitgebirge gleichzeitig eine lokale Zunahme der Deformationserscheinungen gekoppelt. Sowohl die Schiefrigkeit (s-Flächendichte parallel der älteren stofflichen Bänderung) als vor allem auch die Streckungslineare parallel b auf dieser Schieferung nehmen mit Annäherung an die eklogitisch gebänderten Granulitlinsen sprunghaft zu und erreichen im Granulit ihren Höhepunkt. ac-Risse zur Lineation enthält beinahe jedes Granatkorn in den Gneisen mit Granulittendenz in großer Anzahl. $0kl$- sowie $h0l$-Flächensysteme, die zu s_2 und der Lineation in Beziehung ständen, sind in den untersuchten Dünnschliffen weder visuell nachweisbar noch geben die Glimmerdiagramme dafür einen Hinweis. Einzelne Flächen, die hin und wieder auftreten, sind auf lokale Inhomogenitäten zurückzuführen, denen aber keine generelle Bedeutung zukommt. Eine Ausnahme bilden lediglich gewisse stengelförmige Augengneise. $0kl$-Flächensysteme sind im untersuchten Bereich nur durch die Gürtel der Zweigürteldiagramme angezeigt.

Der Quarz in den Gesteinen mit Granulittendenz bildet straffe Spindeln bis zu mehreren cm Länge bei einem ca. 0,5 mal 1,0 mm großen Querschnitt. Die Spindeln selbst werden von kleinen, nur schwach in b gestreckten, fast polygonalen Körnern zusammengesetzt, die nur unvollkommen suturiert sind. Der Muskowit ist ebenfalls teilweise deformiert, ausgeschweift und in b ausgeschmiert. Auch der Apatit besitzt eine ausgezeichnete Regelung mit c in b. Ist eine reichliche Turmalinführung zu verzeichnen, so läßt auch dieses Mineral eine bevorzugte Parallelstellung der Prismen als Formregelung mit c in b erkennen. Manche s-Flächen erscheinen durch die dicht beieinander liegenden fadenförmigen Quarzspindeln wie mit Mikrorippeln überzogen. In den Granuliten selbst ist das Deformationsbild turbulenter. Die Quarztapeten einer älteren Deformationsepoche, die sich um Granat, Disthen und Pyroxen herumschlingen und s_1 entsprechen, wurden von der jüngeren s_2-Deformation überprägt. Aus diesem Grund zeigen die Quarztapeten bis auf Relikte auch nicht den für das Granulitgebirge typischen Aufbau aus Plattenquarz, sondern sie sind restlos in polygonale Kornverbände zerfallen und zum Teil zerschert. Die s_2-Durchbewegung ist mit einer mineralfaziellen Erniedrigung verbunden: Disthen → Serizit, Granat → Biotit, Pyroxen → Amphibol.

Das Gefügebild der die Gneise mit Granulittendenz einbettenden feinblastomylonitischen und kleinkörnigen, plattig-streifigen mgn-Gesteine weicht dagegen wesentlich ab. Durch den hohen Glimmergehalt ist die Deformation der mgn-Gesteine in andere Bahnen gelenkt worden, wie die geringere Lagendifferenzierung von Quarz und Feldspat zeigt; beide Komponenten treten vielmehr in grobxenoblastischen Kornverbänden auf. Die Lineation wird vorzugsweise von ausgeschmierten Glimmern oder durch häufchenförmig in b gestreckte Glimmerrekristallisate angezeigt.

In die mgn-Gneise sind mächtige Horizonte von Muskowit-Granat-Disthen-Glimmerschiefern eingeschaltet, die als große pelitische Parahorizonte anzusehen sind. Innerhalb dieser Horizonte wurde die Deformation vollkommen vom Glimmer abgefangen, und die verstreuten, gegen den Glimmer weich gelagerten Quarzinseln zeigen nur untergeordnete Streckungsmerkmale. Die Lineation selbst ist sehr undeutlich ausgebildet. Zwischen den Glimmerlagen tendiert der Quarz zu zeiliger Anordnung. Die Quarz/Quarz-Grenzen stehen dabei annähernd senkrecht auf der Glimmerbasis. Voll (1961) hat diese Beziehungen statistisch verfolgt und mit der hohen Grenzflächenenergie der Quarz/Glimmerbasis-Grenze erklärt.

Zwischen den megaskopischen Deformationsmerkmalen und dem Quarzkornregelungsbild zeigt sich eine weitgehende Übereinstimmung. Um das Korngefüge besser vergleichen zu können, wurden in Tabelle 1 zusätzlich zur Beschreibung von Regelung und Symmetrie verschiedene aussagekräftige Zahlenwerte gegenübergestellt. Neben dem Öffnungswinkel φ bei Zweigürtelregelung ist vor allem der Regelungsgrad nach Fischer (1960) ermittelt worden.

Das Vorhandensein und die Intensität des Maximum I sowie die maximalen Belegungen sind ebenfalls zum Vergleich herangezogen. Die Diagramme wurden zum Teil den Arbeiten von Mansfeld (1961) und Fritsch (1963) entnommen.

Tabelle 1

Gestein	Diagramm Nr.	Regelungstyp und Regelungssymmetrie	Winkel φ	Regelungs-grad	Intensität von Max. I	maximale Belegung	durchschnittlicher Glimmergehalt in Vol.-%
Glimmerschiefer	F 50	trikline Verteilung nicht		8,1	—	4,0%	
		näher definierbarer Maxima	—	8,2	—	5,0%	
	F 112	desgl.	—	10,3	—	6,0%	
	F 141	desgl.	—				
	F 169	zwei Gürtel parallel *ac*					
		monoklin mit trikliner		5,9	—	3,5%	
		Tendenz	—				Muskowit 35—37 (29—52)
	F 44	triklin verzerrter *ac*-Gürtel	—	12,1	—	7,5%	Biotit 0,9
	F 161	trikline Verteilung nicht					36—38%
		näher definierbarer Maxima	—	6,8	—	5,5%	
	F 145	Zweigürtel mit starker Zerstreuung der niedrigen Belegungsflächen					
		fastrhombisch mit trikliner					
		Tendenz	85°	7,5	—	4,5%	
	F 58	desgl.	90°	7,2	—	4,5%	
	F 47	desgl.	90°	7,1	—	4,0%	
mgn-Gneis	B	Zweigürtel, fastrhombisch					
		triklin verzerrt	105°	7,5	++	6,0% (I, II)	
	B	desgl.	90°	9,9	—	5,0% (IV)	
	B	desgl.	85°	5,8	++	6,0% (I, II)	
	B	desgl.	82°	7,5	++	6,0%	
	B	desgl.	62°	9,6	—	7,0% (III, IV)	Muskowit 12—14
	B	desgl.	46°	11,7	—	4,0% (IV)	Biotit 1— 3
	M 1	Max. I, II in offenem *ac*-Gürtel, offene Zweigürtel. Infolge geringen Regelungsgrades unscharfe Symmetrie	98°	7,5	+++	6,0% (I)	13—15%
	M 8	desgl.	79°	7,7	++	6,0% (I, II)	
	M 200	desgl.	75°	5,8	++	5,0% (I, II)	
	M 200a	desgl.	82°	5,6	+	4,0% (II)	
	M 11	desgl.	89° ?	6,0	+	5,0% (I)	
	M 3	desgl.	98°	4,3	++	4,0% (I, II)	

	M 147	ein geschlossener Schräggürtel, der andere ist bis auf Max. III offen, triklin	80°	14,0	++	8,0% (I)	
	M 149	verwaschener *ac*-Gürtel monoklin bis triklin	—	6,7	+	7,0% (I)	
	M 131	Max. I, II in einem beinahe geschlossenen *ac*-Gürtel	—	7,0	+++	6,0% (I)	
Aplitgneis mit Granulittendenz	M 166	Zweigürtel, fastrhombisch	83°	22,4	+++	12,0% (I)	
	M 142	desgl. triklin verzerrt	82°	20,8	+++	10,0% (I)	
	M 150	Zweigürtel, fastrhombisch	82°	24,8	+++	10,0% (I)	
	M 151	desgl.	53°	24,3	+++	10,0% (I)	Muskowit + Biotit 7–12%
	B	Zweigürtel, rhombisch	45°	17,0	+	12,0% (IV)	
	M 132	offener *ac*-Gürtel mit Max. I, II, Zweigürteltendenz monoklin bis fastrhombisch	48°	23,2	+++	10,0% (I)	
Granulit	M 154	in *ac* gestrecktes Max. I mit schwach belegtem Zweigürtel, monoklin mit rhombischer Tendenz	57°	49,0	+++	14,0% (I)	
	B	Zweigürtel, rhombisch	55°	9,3	—	6,0% (III)	
	M 135	Zweigürtel mit in *ac* gestrecktem Max. I, monoklin mit rhombischer Tendenz	52°	28,8	+++	10,0%	
	B	offener *ac*-Gürtel spaltet sich in Zweigürtel auf, monoklin mit rhombischer Tendenz	42°	38,0	+++	14,0%	Muskowit + Biotit 0–2%
	M 212	Zweigürtel mit starkem Max. I, monoklin mit rhombischer Tendenz	42°	25,3	+++	13,0%	
	M 147	ein Max. in der Nähe von *b* triklin	—	19,5	—	8,0%	
	B	Zweigürtel, stark verteilte Belegungsflächen	61°	10,4	--	4,0%	

M aus Mansfeld (1962) F aus Fritsch (1963) B vom Autor

Den Glimmerschiefer kennzeichnen vorwiegend trikline, von einer Probe zur anderen nicht vergleichbare und nicht ineinander überführbare Regelungsbilder. Die großen materialbedingten Inhomogenitäten zwischen dem Glimmerschiefer und den ihn einbettenden mgn-Gneisen einerseits und den beiden Hauptphasen innerhalb des Schiefers andererseits bilden dafür die Hauptursache. Das Strainellipsoid wird den lokalen Inhomogenitäten angepaßt und dreht aus seiner regionalen Lage heraus. Eine niedrige maximale Belegung infolge großer primärer Streuung bedingt den niedrigen Regelungsgrad, der mit zwei Ausnahmen bei 7 liegt. Das Fehlen des Maximum I ist beinahe kennzeichnend für die „abgepolsterten“ Quarze der Glimmerschiefermatrix. Drei Proben mit einem fast geschlossenen Quarzgerüst lassen deutlich die Anlage von Zweigürteln erkennen mit einem Winkel φ um 90°.

In den kleinkörnigen, zum Teil plattig-streifigen mgn-Gneisen aus dem Hangenden und Liegenden des Aplitgneis/Granulit-Horizontes besetzen die Quarzachsen im allgemeinen Zweigürtel mit $\varphi = 80-90°$, wobei die einzelnen Maxima die verschiedensten Lagen innerhalb der Gürtel einnehmen können. Hauptmaximum ist in den meisten Diagrammen Maximum I, wichtigstes Nebenmaximum oft Maximum II (Abb. 4a). Der Regelungsgrad beträgt im Durchschnitt 8. Die maximale Belegung ist mit ca. 6% niedrig, und die Belegungsflächen sind oft so breit über das Diagramm verteilt, daß sich die Grundsymmetrie nur verwaschen zu erkennen gibt.

Innerhalb des Aplitgneishorizontes nimmt die Streckung mit der Granulittendenz beträchtlich zu, gleichzeitig verkleinert sich der Winkel φ und der Regelungsgrad wächst. Maximum I gewinnt an Bedeutung, und rhombische Symmetrie mit monokliner Tendenz ist zu verzeichnen (Abb. 4b/c).

Innerhalb der Granulite kommt Maximum I eine beherrschende Stellung zu, und es bildet meist zusammen mit Maximum II eine langgestreckte Besetzungsfläche in der *ac*-Ebene, die jedoch nicht bis zum geschlossenen *ac*-Gürtel führt. Die Zweigürtel verlieren auf Grund ihrer Unterbesetzung zugunsten Maximum I und II ihre Schärfe, sind aber durch die randlichen Maxima noch einwandfrei zu erkennen und mit der *ac*-Fläche verbunden. Winkel φ erreicht mit 40—50° die niedrigsten Werte (Abb. 4c). Zur ursprünglich rhombischen Symmetrie tritt die monokline in Konkurrenz. Die trikline Lage des insularen Maximums in Probe M 147 ist Ausdruck einer mechanischen Inhomogenität und eine lokale Erscheinung in Granulitlagen, die mit Eklogit wechsellagern, analog den triklinen Verzerrungen des Quarzgefüges in der Nachbarschaft von Gabbroamphiboliten in anderen Gebieten (Němec 1959, Behr 1961). In den Gefügebildern der beiden letzten Proben in der Tabelle, die einer Granulitlinse aus der Umgebung der Ortslage Grunau entnommen wurden, zeigen Quarz und Feldspat stärkere postdeformative Rekristallisationserscheinungen. Hier hat offenbar eine Regelungsauflockerung zu sekundärer Streuung und Entregelung geführt. Der noch sehr deutlich zu erkennende Zweigürtel zerfällt in geringprozentige Belegungsflächen, die sich über das gesamte Diagramm verbreitern und so den kleinen Regelungsgrad bedingen. Ähnliche Regelungsauflockerungen wurden von Behr (1961) aus dem Granulitgebirge und von Dimroth (1962) beschrieben. Diese Entregelung wird mit Sammelkristallisation infolge eines Temperungsprozesses erklärt. Das Korngefüge sucht durch Vergröberung das energetisch günstigste System mit möglichst kleiner Oberfläche anzustreben. Große Körner wachsen auf Kosten der kleinen weiter. Dadurch werden die Achsenlagen der kleinen Körner im Diagramm ausgelöscht und diejenigen der wachsenden Körner setzen sich durch. Zusammen mit der erwähnten Biotitneubildung um Muskowit wird dieser Prozeß mit einer postdeformativen granitischen Durchwärmung von lokal verschiedener Intensität in Zusammenhang gebracht.

Aus dem Zöblitzer Beispiel läßt sich zusammenfassend folgendes ablesen: Die Deformation, besonders die Streckung, nimmt mit fallendem Glimmeranteil der Gneise zu, wie die rechte Spalte der Tab. 1 ausweist. Die Angaben über den durchschnittlichen Prozentanteil an Glimmer wurden aus zahlreichen Integrationsergebnissen gemittelt.

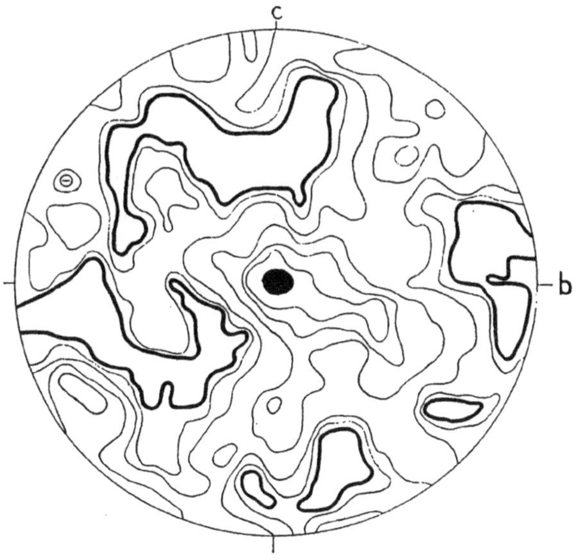

Abb. 4a
Kleinkörniger Aplitgranitgneis, 300 c-Achsen,
> 6—4—3—2—1—0,5—0%.

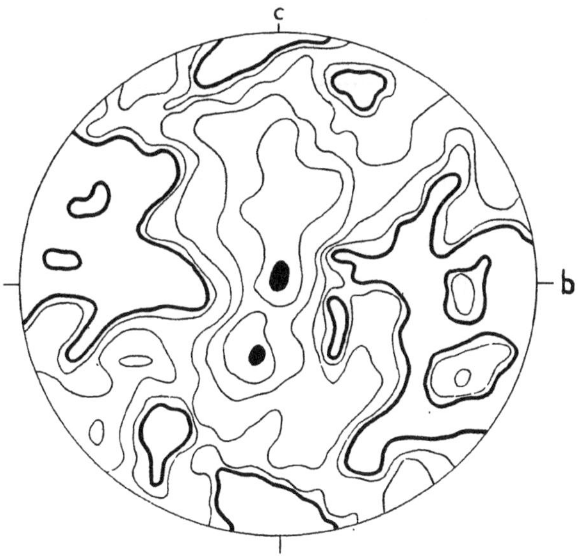

Abb. 4b
Aplitgneis mit Granulittendenz, 300 c-Achsen,
> 6—4—2—1—0,5—0%.

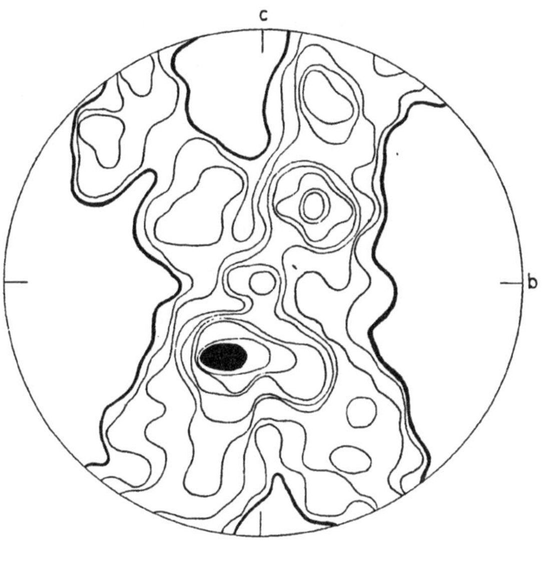

Abb. 4c
Aplitgneis mit Granulittendenz, 300 c-Achsen,
> 9—7—5—4—3—2—1—0,5—0%.

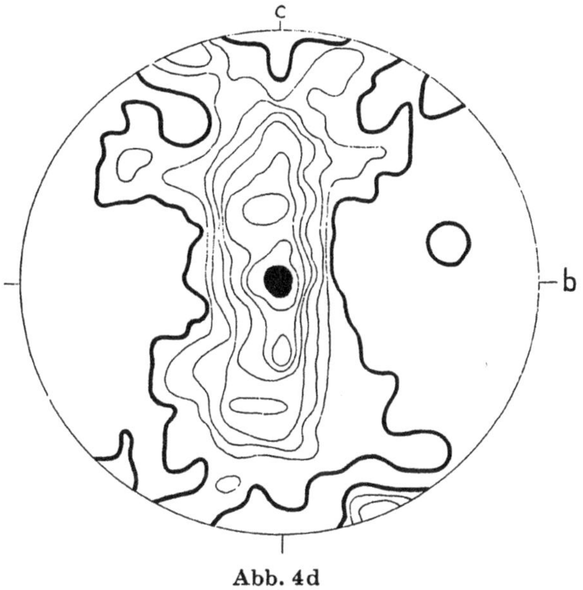

Abb. 4d
Granulit, 300 c-Achsen,
> 12—9—6—4—3—2—1—0%.

Der Winkel φ ist direkt abhängig vom Streckungsbetrag und wird mit zunehmender Streckung kleiner. Mit der Abnahme des Glimmergehaltes wächst die Einflußnahme der Deformation auf das Quarzgefüge, wobei in den mgn-Gneisen eine Symmetriekonkurrenz triklin/fastrhombisch zu beobachten ist, in den Aplitgneisen treten fastrhombische bis rhombische Regelungen in den Vordergrund, die in den Granuliten schließlich zu monoklin betonten Typen mit rhombischer Tendenz überleiten. Gegenüber den megaskopischen Daten ist die Quasisymmetrie rhombisch. Das Deformations- und Kornregelungsbild steht mineralfaziell mit einer Amphibolitfazies in Zusammenhang, und stellt die Schlußphase einer fortlaufenden Grundgebirgsentwicklung dar, in deren Verlauf sogar die lokale Einstellung granulitischer Faziesbereiche möglich war. Die Zweigürtel der Zöblitzer Granulite sind ebenso wie die der Randäquivalente des Granulitgebirges eine sekundär erworbene Regelung, nur haben die Zöblitzer Granulite als kleine Linsen fazieller Sonderentwicklungen in einer stark durchbewegten geringmächtigen Platte von Migmatitgneisen eine viel kräftigere Deformation und Streckung erlitten.

2.3 Die Quarzaugengneise von Lippersdorf und Zöblitz

In die Muskowitplattengneise des Erzgebirges sind an verschiedenen Stellen sog. „Quarzaugengneise“ eingeschaltet, die nach SCHEUMANN (1932) deformierte Granite bzw. Granitporphyre darstellen.

Besonders typisch ausgebildet und verbreitet sind diese Gesteine bei Lippersdorf und Lengefeld. Bei beiden Vorkommen enthalten die Gneise stark gestreckte Quarzzylinder bis zu 10 cm Länge mit einem Verhältnis des kleinsten zum größten Durchmesser von 1:10 bis 1:40. Im Längsbruch parallel *b* erscheint auf Grund der starken Streckung das feinkörnige Grundgewebe engstreifig gebändert. Der Glimmer sowie der Matrixquarz zusammen mit dem Feldspat haben sich bei der Durchbewegung mechanisch voneinander differenziert, wobei in den glimmerreichen Lagen idiomorphe Granatkörnchen sehr stark angereichert sind. Die Quarzzylinder setzen sich entweder aus aneinandergereihten in *b* gestreckten Einquarzen zusammen oder bei größeren Querschnitten aus mehreren, strangförmig gebündelten Kornaneinanderreihungen. Die Korngrenzen sind annähernd glatt und stufenförmig ausgebildet oder nur schwach suturiert. Undulation ist verbreitet. In regelmäßigen Abständen werden die Quarzstengel von *ac*-Rupturen zergliedert, die häufig mit Stilpnomelan mineralisiert sind. Die Entfernung der *ac*-Rupturen ist abhängig vom Durchmesser der Stengel und beträgt etwa 1—3 mm. Der Glimmer, Muskowit mit randlicher Biotitneubildung (X = gelblich, $Y = Z$ = rotbraun), ist im Längsschliff straff in *s* parallel geschlichtet, im Querbruch belegt er einen geschlossenen Gürtel um *b*, obwohl er auch dort streng an den Lagenbau gebunden ist. Völlig homotakt sind die sehr zahlreichen vom Zylinderquarz umschlossenen Internglimmer geregelt. Fast jeder Quarz enthält eine größere Anzahl dieser Glimmer, von denen ein Teil postkristalliner, intragranularer Entstehung in bezug auf Quarz ist, während ein anderer Teil bereits vor dem Quarz vorhanden und geregelt war.

Zur ersten Gruppe gehören sehr kleine, schmale Blättchen von Hellglimmer, die oft schwarmweise, subparallel gestellt auftreten. Trotz ausgeprägter Undulation mit ruptureller Stengelung im Quarz sind sie an internale Störungen gebunden, die etwa 23—39° zur Stengelung geneigt liegen und damit etwa in den Bereich der Deformationslamellenmaxima fallen, obwohl Lamellen nur ganz vereinzelt auftreten.

Die zweite Gruppe wird von größeren Muskowiten mit Biotiträndern gebildet, die gemeinsam mit Granat, Zirkon und Apatit von jüngerem Quarz umwachsen werden, wobei nicht nur der Glimmer, sondern auch der Apatit und ein Teil der stengligen Zirkone mit c in *b* bereits geregelt vorlagen. Die sehr hohe Beteiligung der zweiten Gruppe zeigt, daß die angenommene Streckung von Quarzporphyrosteren eines grobkörnigen, magmatischen Eduktes über eine Lösungsphase mit vollständiger Neukristallisierung parallel der Streckungsachse verlief.

Drong (1959) untersuchte an Migmatitgneisen, ob sich zwischen der Regelung von Internglimmern und den c-Achsen der Quarzwirte in Hinblick auf eine Bevorzugung bestimmter Quarzkristallflächen Beziehungen finden lassen. Er stellte Abhängigkeiten der Glimmerlagen von (10$\bar{1}$0), (31$\bar{4}$1), (11$\bar{2}$1), (11$\bar{2}$2) und dem Bereich der Quarzlamellen zwischen 8—20° fest, wobei das Maximum auf die trigonale Bipyramide fiel. Eine gleiche Untersuchung wurde am Lippersdorfer Gneis durchgeführt (Abb. 5). Neben den von Drong gefundenen Maxima tritt eine Häufung parallel den Rhomboederflächen (10$\bar{1}$1) und (01$\bar{1}$1) auf sowie ein deutliches Minimum zwischen 15—25°. Es ist anzunehmen, daß die Drehlagen der Internglimmer bei der Übernahme in den Quarzwirt und bei subparalleler Lage zu den erwähnten Gitterebenen etwas beeinflußt wurden, obwohl das Diagramm keine sehr deutlichen Abhängigkeiten beweist.

Die strain-induzierte Kristallisation der Quarzzylinder muß noch unter Einspannung in das lineationserzeugende Stress-System mit Tension parallel *b* einen Gleichgewichtszustand erreicht haben. Einerseits werden nämlich die für strain-induzierte Kristallisation typischen

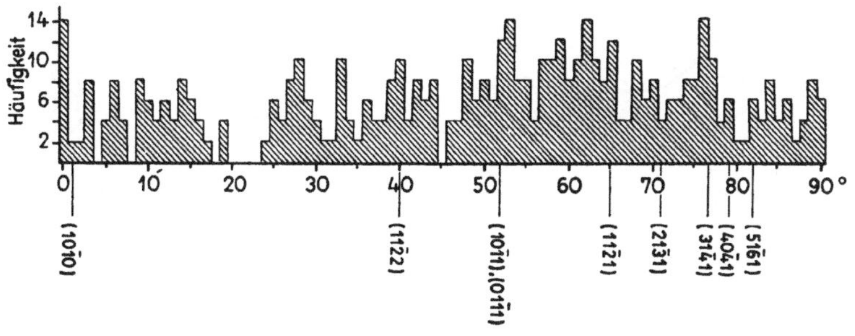

Abb. 5.
270 Winkel zwischen dem Lot auf (001) von Internglimmern und der c-Achse des entsprechenden Quarzwirtes. Die Lage der Flächenindizes entspricht ihrer Winkelentfernung von der c-Achse.

suturierten Korngrenzen durch statische Temperung wieder begradigt, alte Lamellengefüge durch Rekristallisation ausgelöscht und infolge Temperaturanstiegs Biotit neugebildet, andererseits aber tritt das ausgeprägte, zur Zylinderachse streng symmetrische *ac*-Rupturenbild bei Aufhebung der Tension und einsetzender elastischer Rückformung erst nach diesem Temperungsprozeß in Funktion.

Das c-Achsendiagramm zeigt einen Zweigürtel mit Winkel φ von 78—80°, Maximum I fehlt. Alle vier Diagramme des Lippersdorfer Gneises stimmen bis auf Kleinigkeiten völlig überein. Die Belegungsdichte der einzelnen Maxima und die Quasisymmetrie zeigen stark trikline Tendenz (Abb. 6a).

Der Augengneis von Zöblitz weist eine etwas verschiedene Entwicklung auf. Von reliktischen Granodioritlinsen mit mehrere cm großen idiomorphen Feldspäten sind alle Deformationsstufen bis in streifige Plattengneise zu verfolgen. Die Großfeldspäte granulieren, und ihre Substanz wird in dünnen Lagen isometrisch-granoblastischer Kornverbände ausgebreitet. Ganz anders reagiert der Quarz, der sich allmählich in der *s*-Fläche anreichert. Auf Scherzonen mit feingrusigem Mörtel, entlang achsenparallelen Stengelrupturen und über einen Lamellenmechanismus flößt sich der Quarz in die *s*-Flächen ein. Während in den grobkörnigen Relikten noch alle diese Frühzustände der beginnenden Deformation erhalten sind, ist bereits in den grobstreifigen, im Querbruch stenglig-augig struierten Typen die Deformation ausgeheilt, und die Quarze sind vollständig in gröberen Aggregaten stark suturierter Körner rekristallisiert. Die c-Achsen belegen einen hochsymmetrischen Zweigürtel mit Winkel $\varphi = 62°$ (Abb. 6b). Auffällig ist, daß im Längsschliff ein hoher Prozentsatz der Körner entweder mit der Längsachse 30—35° zu *c* geneigt parallel den *h0l*-Flächen der Zweigürtel liegt, oder, wenn die Körner größer sind als die Zeile mächtig ist, die Korngrenzen diese *h0l*-Lagen einnehmen. Es besteht hier also ein unmittelbarer Zusammenhang zwischen Kornform und Kornregelung (siehe S. 39).

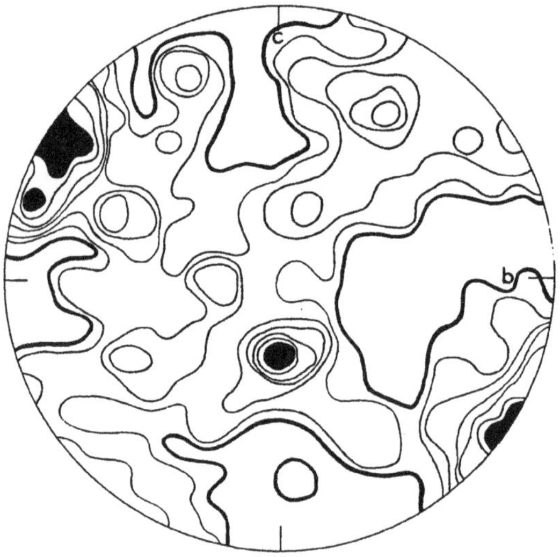

Abb. 6a
Quarzaugengneis von Lippersdorf, 250 c-Achsen, > 4—3—2—1—0%.

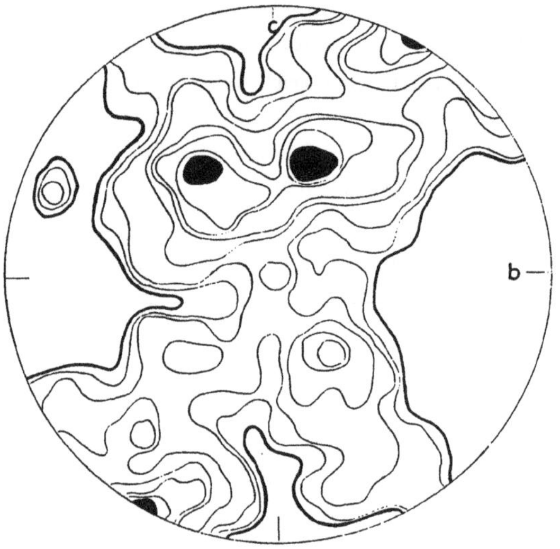

Abb. 6b
Quarzaugengneis von Zöblitz, 250 c-Achsen, > 6—5—4—3—2—1—0,5—0%.

2.4 Serizitgneis aus dem Nossen-Wilsdruffer Schiefergebirge

Die Serizitgneise bilden Einschaltungen in einem Horizont phyllitischer Gesteine (vor allem von Quarzphylliten), der dem liegenden Teil des äußeren Schiefermantels in der Hülle des Granulitgebirges entspricht und sich östlich im Nossen-Wilsdruffer-Schiefergebirge fortsetzt. Nach Wiedemann (1958) stellen die Gneise alaskitische Porphyroide dar, die in epizonale Blastomylonite übergeführt wurden. Die Deformation läßt sich besonders gut am Feldspat und am Quarz verfolgen. Die 1—5 mm großen Feldspataugen (perthitischer Mikroklin, Oligoklas) werden von *0kl*- und *ac*-Rissen aufgeweitet und parallel der *b*-Lineation gestreckt. Als Streckungsbetrag gibt Wiedemann Werte zwischen 1,5:1 und 4:1 an. Bei stärker beanspruchten Typen sind es aber vor allem die Quarzaugen, die dann parallel der ausgezeichneten Lineation zu Spindelkörpern von einigen mm bis cm Länge deformiert werden. Quarzachsenregelungen sind von Douffet (1957) an vier Proben von den Serizitgneisen bei Döbeln untersucht worden. Die Diagramme zeigen vorwiegend trikline Real- und Quasisymmetrie, in drei Diagrammen sind aber trotzdem Zweigürtel zum Teil mit Überbetonung eines Schräggürtels unschwer zu erkennen mit Winkel φ von 55° (Pulverberg), 82° (Schloßberg) und 90° (Oberanschütz) bei Fehlen von Maximum I. Die Probe vom Pulverberg erweist sich schon megaskopisch als der am kräftigsten durchgeschieferte und deformierte Porphyroid. Der Quarz ist in den genannten Proben in *b* parallele streifige Polygonpflaster mit glatten Kornnähten rekristallisiert.

Im folgenden werden zwei Proben aus der Serizitgneisscholle südlich Blankenstein analysiert, die im Quarzphyllit eingeschlichtet etwa 1 km nördlich der Mittelsächsischen Überschiebung liegt. Der Gneis streicht etwa E—W und fällt etwa 30° N. Die Streckung in *b* ist sehr kräftig, megaskopisch läßt sich das Verhältnis zwischen der kleinsten und größten Achse der mehrere mm großen Quarzspindeln mit 1 : 10 bis 1 : 15 ablesen.

1. Probe

Das mikroskopische Gefügebild wird von einem feinkörnigen kataklastischen Quarzgrus vermengt mit in *s* parallelgeschlichtetem Serizit beherrscht, in dem ovalstenglige *b* parallele Quarzindividuen bis 7 mm Länge und Plagioklasaugen schwimmen. Der Plagioklas wird in der oben beschriebenen Weise zerschert und gestreckt. Die Quarzgroßkörner erscheinen parallel in allen Übergängen von größeren ausgeschwänzten Linsen bis zu dünnen, langen Bändern. Intragranulare Scherflächen parallel der Schieferung durchschneiden die Bandquarze oft auf ihre ganze Länge und zergliedern sie in einzelne Gleitbretter. Durch unterschiedlich große Versetzungsbeträge auf diesen Ebenen sind die Randquarze an ihren distalen Enden zum Teil stufenförmig ausgefranst. Die Kornzerscherung führt zur Bildung von Quarzmörtel, der sich an einzelnen Punkten oder als dicker Belag auf den internalen Störungen konzentriert. Randlich, besonders aber an den distalen Enden erfolgt eine vollständige Granulierung, der als erstes die dünnen Randschalen zum Opfer fallen. Die Kanten von Plagioklaskörnern haben auf die Quarze eine keilartige Wirkung und rufen Einschnürungen hervor, die bis zur Kornzerteilung führen können. Alle Großquarze weisen eine weitwellige Undulationsstreifung auf, wobei die einzelnen Undulationsbereiche oft durch mehr oder weniger deutliche Rupturen voneinander getrennt sind. Im c-Achsendiagramm (Abb. 7a) sind vor allem die Bandquarze erfaßt und soweit einmeßbar größere Komponenten des Quarzgruses, der sich als homotrop mit den Großkörnern geregelt erwies. Die c-Achsen belegen einen Zwei-

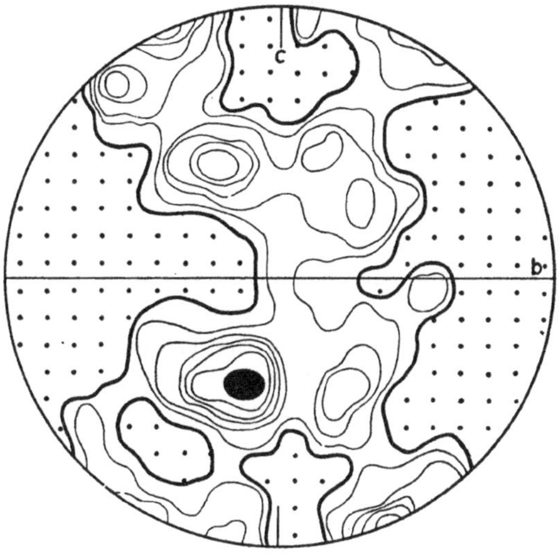

Abb. 7a

Serizitgneis von Blankenstein, 300 c-Achsen, (7—8)—5—4—3—2—1—0%.

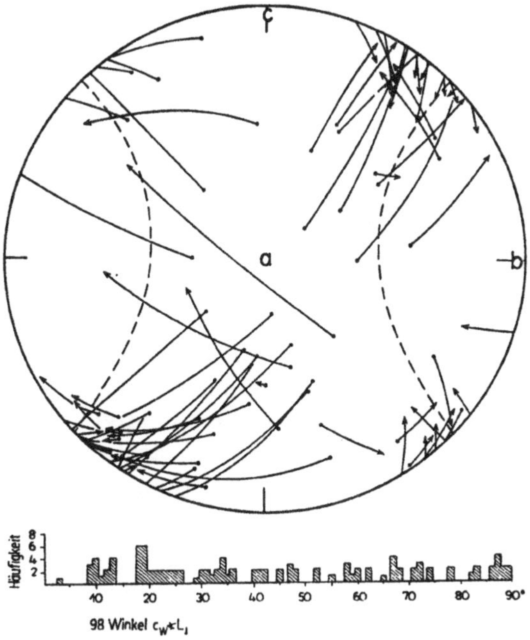

Abb. 7b

Oben: 50 Winkel zwischen Lamellenlot und c-Achse des Wirtskornes ($c_W \sphericalangle L_\perp$) im SCHMIDTschen Netz dargestellt. Pfeilspitze = $L_\perp$, Pfeilende = c_W. Die Kleinkreise um *b* entsprechen konischen Scherflächen. Unten: 98 Winkel $c_W \sphericalangle L_\perp$.

gürtel mit Winkel $\varphi = 55°$, Maximum I fehlt. Es ist auf Grund der hohen Gefügesymmetrie, der rhombischen Quasisymmetrie und der homotropen Regelung anzunehmen, daß die Gitterregelung und die kataklastische Deformation in den gleichen Deformationsakt fallen.

Reichlich 50% der Großkörner weisen parallel *b* Deformationslamellen auf, die durch ihre höhere Lichtbrechung sichtbar werden. Sie sind schwach linsenförmig mit einer Breite von 1,5—2 μm im Zentrum der Körner, gegen den Kornrand verengen sie. Der Abstand der Lamellen beträgt 3—4 μm. Die Lamellen zeigen oft einen leicht geschwungenen Verlauf. Wo eine starke Zerscherung der Quarze in einzelne Gleitschalen vorliegt, sind die Lamellen oft stark gekrümmt, wobei jeder Gleitschale eigene Winkel zwischen Kornlängsachse und Lamellenlot zufallen. Die optische Orientierung weicht um 3—4° von der Achsenlage des Wirtskristalls ab, eine genaue Erfassung der Achsenorientierung innerhalb der Lamellen ist wegen ihrer Kleinheit nicht möglich. Ein zweites, viel schwächer ausgebildetes Lamellensystem steht in manchen Körnern etwa senkrecht auf dem ersten.

Die Regelung von Lamellenlot ($L_{\perp}$) und c-Achse des Wirtskristalls (c_W) zeigt Abb. 7b an einer repräsentativen Auswahl an Messungen, wobei die Pfeilspitze den Lamellenpol und das Pfeilende die c-Achse darstellt. Die Winkelwerte zwischen $L_{\perp}$ und c_W belegen kein ausgeprägtes Maximum, sondern sie verteilen sich zwischen 8 und 89°, d. h., es ist keine Beziehung der Lamellen als Gleitebenen zu rationalen kristallographischen Flächen zu erkennen. Die c-Achsen der lamellentragenden Wirtskristalle haben keine Vorzugsorientierung, sondern fallen mit denen von nichtlamellierten Quarzen zusammen und bilden mit diesen gemeinsam die Maxima des Achsendiagrammes. Lamellen mit kleinen Winkeln $L_{\perp} \sphericalangle c_W$ zwischen 8—27° sind vorzugsweise an Quarze gebunden, deren c-Achsen Maxima am Diagrammrande besetzen, während größere Winkel vor allem an Körnern auftreten, deren c-Achsen die inneren Teile der Gürtel belegen und besonders in die vier 50—55° vom Diagrammrand entfernt liegenden Maxima fallen. Alle Lamellen gemeinsam bilden zwei Kegelmäntel mit einem Öffnungswinkel von etwa 45° um b^+ und b^-, für die *b* die Kegelachse darstellt. Allerdings sind die Areale um *c* gegenüber denen um *a* bedeutend überbelegt. Um b^- ist der Kegelmantel deutlicher ausgebildet als um b^+.

2. Probe

Die Probe wurde aus einer etwa 10 cm mächtigen Quarzitlage entnommen, die schieferungsparallel dem Serizitgneis eingelagert ist und prädeformativ einem Quarztrümchen entsprochen haben dürfte. Das mikroskopische Gefügebild wird von Quarz aller Korngrößen von wenigen μm bis zu 1,5 mm beherrscht, wobei die verstreuten Großkörner Relikte darstellen, die ebenfalls im Zerfall begriffen sind. Der Zerfall beginnt mit einer Zerlegung der Großkörner in stenglige Elemente parallel *s* mit Längsachsen in *b*, deren c-Achsen sich nur um wenige Grade von ihrer alten gemeinsamen Richtung entfernen. Am Rande der Großkörner erfolgte die Auflösung in autonome Kornindividuen mit Gewinnung selbständiger Korngrenzen durch Ablösung vom Nachbar und stärkere Divergenz der c-Achsen zwischen den einzelnen Subindividuen. Eine kräftige Undulation in steilen $0kl/0\bar{k}l$-Ebenen ist allgemein entwickelt. In Großkörnern steigert sie sich oft bis zu einer von Rupturen begrenzten Undulationsstengelung, die durch ihren Schnitt mit den intragranularen *s*-parallelen Scherflächen oft zu einer Polygonisierung von Körnern führt, die dann in ein isometrisches Kleinkorn zerfallen. In einzelnen Lagen mit offenbar rascher Durchbewegung ist der Quarz in ein einheitliches Kleinkorn zermahlen, in dem rotierte Bruchstücke von Großquarzen schwimmen, die bis auf Undulationen keine der angeführten Deformationsmerkmale aufweisen. Die Körner stoßen mit feinsuturierten Nähten aneinander.

Ein geringer Teil der Körner führt Deformationslamellen. Die Lamellen haben eine Breite von 1—1,5 μm und untereinander einen Abstand von etwa 5—8 μm. Lichtbrechung und optische Orientierung weichen vom Wirtskorn etwas ab. Die Lamellen durchschneiden meist

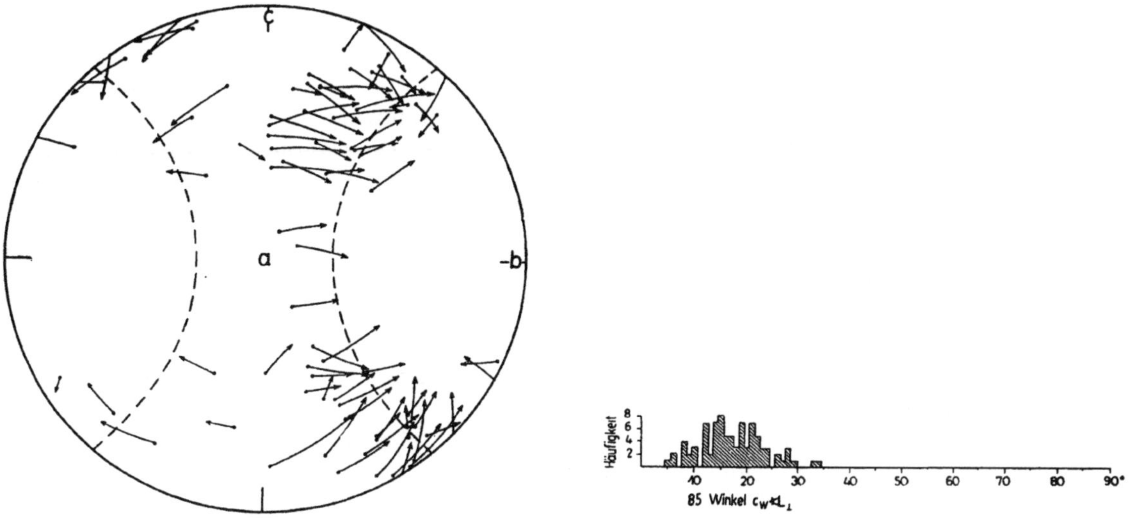

Abb. 8

links: 70 Winkel zwischen Lamellenlot und c-Achse des Wirtskornes ($c_W \sphericalangle L_\perp$) im SCHMIDTschen Netz dargestellt. Pfeilspitze = $L_\perp$, Pfeilende = c_W. Die Kleinkreise um *b* entsprechen konischen Scherflächen.
rechts: 85 Winkel $c_W \sphericalangle L_\perp$.

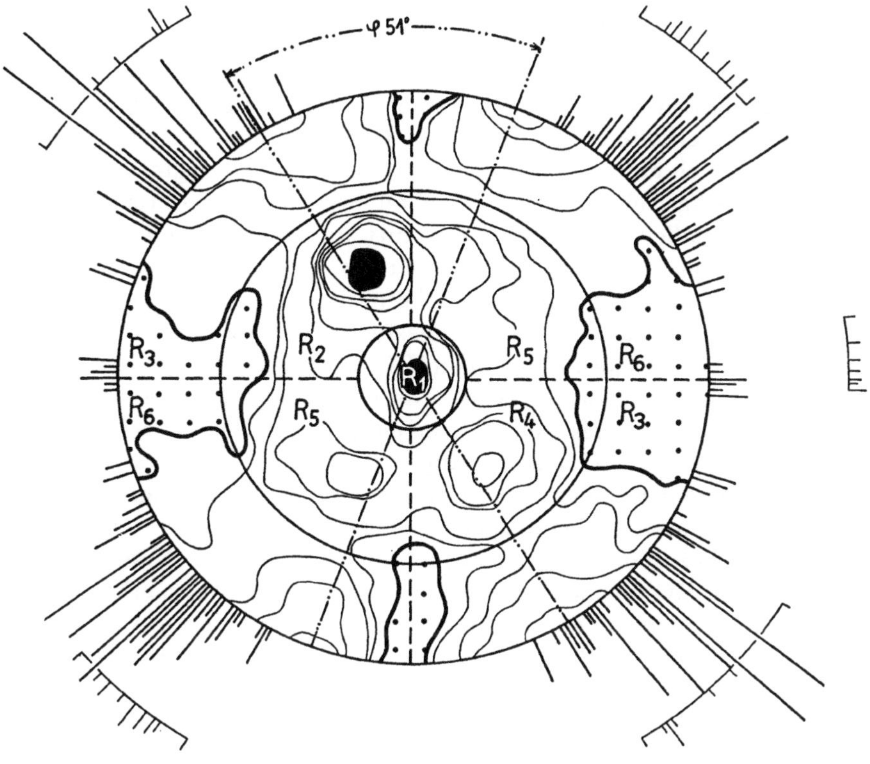

Abb. 9

1280 Quarzachsen, (8—10)—6—5—4—3—2—1—0,5—0%. R_1—R_6 = Aufteilung des Diagrammes in Sektoren verschiedener Richtungsgruppen.
335 Feinlagen aus den RG-Kornverteilungsbildern als Richtungsstrahlen am Diagrammrand aufgetragen.
32 Feinlagen aus dem Korndichte-Punktbild als Richtungsstrahlen auf dem äußeren Strahlenkranz aufgetragen.
φ = Öffnungswinkel des Zweigürtels.

das ganze Korn und nehmen einen geraden Verlauf. Die Winkelwerte $L_{\perp} \sphericalangle c_W$ konzentrieren sich im Gegensatz zur Probe 1 zwischen 5° und 34° mit maximalen Werten zwischen 12° und 23° (Abb. 8). Die c-Achsen der lamellentragenden Wirtskristalle haben keine Vorzugsorientierung, sondern fallen mit denen von nichtlamellierten Quarzen zusammen. Allerdings sind die Quarze, deren c-Achsen in die Maxima der rechten Diagrammseite fallen, wesentlich bevorzugt, während Maximum I nicht betroffen wird. Alle Lamellen gemeinsam bilden, ebenso wie in Probe 1, zwei Kegelmäntel, deren Öffnungswinkel von etwa 55° nach b^+ und b^- weisen und für die b die Kegelachse darstellt. Die Kegelöffnung ist nicht kreisrund, sondern der Durchmesser in a ist um 40° größer als der in c. Um b^+ ist der Kegelmantel bedeutend kräftiger belegt als um b^-.

Das c-Achsendiagramm (Abb. 9) zeigt einen hochsymmetrischen Zweigürtel mit Maximum I im Schnittpunkt, zwei halbierten Maxima am Diagrammrand und vier ungleich besetzten Maxima innerhalb der Gürtel etwa 55° vom Rand entfernt. Der Winkel $\varphi = 52°$. Um den Regelungsmechanismus weiter zu verfolgen und mit den bei Sander (1950) publizierten Achsenverteilungsanalysen (AVA) zu vergleichen (Zweigürtelregelung am Quarzit von Vikar und Gries), wurde eine AVA angefertigt.

2.41 Achsenverteilungsanalyse (AVA) der Probe 2

Die Methodik der Analyse folgt dem Prinzip von Ramsauer (publiziert und erweitert in Sander 1950), die von Koark (1957) an einem Beispiel nochmals ausführlich dargestellt wurde.

Zur Analyse kam ein Gesteinsschnitt senkrecht zur Schieferungsebene und parallel zur Lineation, da hier am ehesten Aufschluß über eine eventuelle Beziehung zwischen den Gürteln und Scherflächen zu erhoffen war. Mit dem Gipsplättchen und einem Achsenstreichplan wurde der Schliffbereich auf seine Homogenität geprüft. Es zeigten sich verschiedene insulare Häufungen gleichgerichteter Drehlagen an Stellen mit reliktischen Großkörnern, die noch nicht restlos zerfallen sind. Der Ausschnitt wurde so gewählt, daß er möglichst keine derartigen Inseln berührt. Der vermessene Bereich umfaßt 1280 Körner. Als Ausgangsdiagramm diente die Orientierung von 250 c-Achsen, die aus den beiden Schliffen $\perp a$ und $\perp b$ durch Vermessung verschiedener wahllos eingestellter Meßbereiche gewonnen wurden. Dieses Diagramm wurde in neun Richtungsgruppen (RG) aufgeteilt, und die so gewonnenen Sektoren wurden auf eine neue Oleate übertragen. Die c-Achsen des ausgewählten AVA-Bereiches, der etwa $^1/_6$ des Gesamtschliffes umfaßt, zeigen dasselbe Regelungsbild wie das Ausgangsdiagramm, nur daß sich die Flächen geringer Besetzungsdichte verbreitert haben. Durch diese Übereinstimmung der beiden Diagramme kann man den Gültigkeitsbereich der Analyse zunächst auf den gesamten Probenkörper übertragen.

In einer Kornumrißzeichnung des fotografisch vergrößerten AVA-Bereiches wurden die Körner der einzelnen RG farblich markiert. Das auf diese Weise erhaltene RG-Gesamtbild wurde durch das Herauszeichnen der einzelnen RG in getrennte AVA-Gesamtbereichsdarstellungen lesbar gemacht (z. B. Abb. 10). Dabei wurden bei dem Gürtel rechts oben/links unten die beiden zueinander symmetrisch liegenden Untermaxima zu RG_5 zusammengefaßt, da in den entsprechenden Sektor rechts oben nur eine relativ geringe Anzahl von c-Achsen fallen.

Von den einzelnen RG-Kornverteilungsbildern wurden Stoffdichte-Punktbilder angefertigt, die mit einem hexagonalen Raster, dessen Zellen 1% der Gesamtfläche entsprechen, ausgezählt und in die Kurven gleicher Besetzungsdichte eingezeichnet wurden (z. B. Abb. 11). Für die Stoffdichte-Punktbilder sind $RG_2 + RG_3 + RG_4$ und $RG_5 + RG_6$ zusammengefaßt.

Die Feinlagen (Fl) als statistische lineare Kornaneinanderreihungen gleich welcher Zahl, Dichte und Länge wurden sowohl in die Stoffdichte-Punktbilder als auch in die RG-Korn-

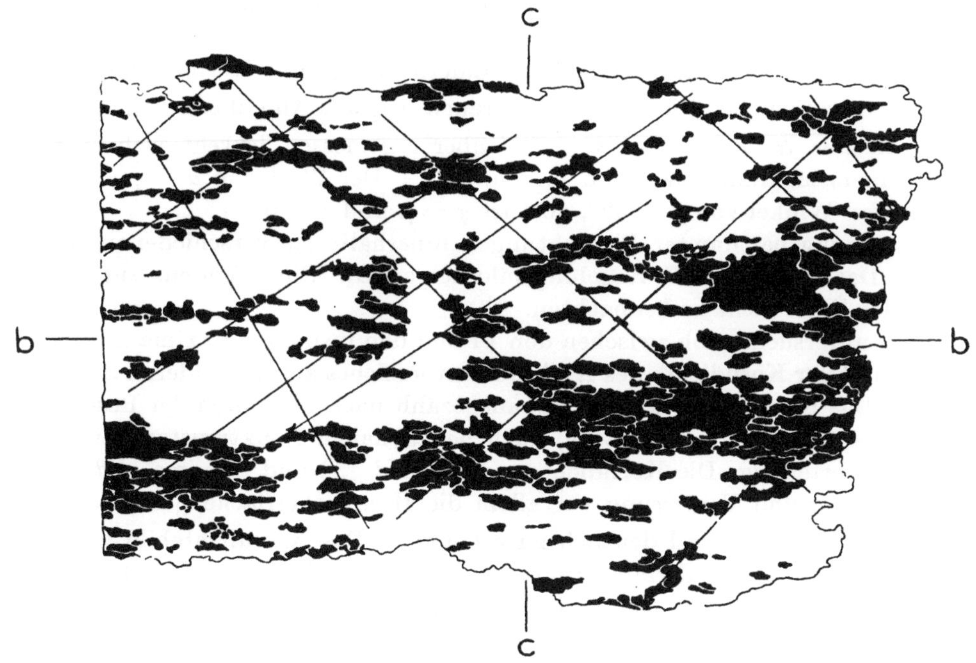

Abb. 10
Einzeldarstellung der Richtungsgruppe RG_2.
Okl/*O$\overline{k}$l*-Feinlagenrichtungen sind durch Geraden gekennzeichnet. 383 Körner.

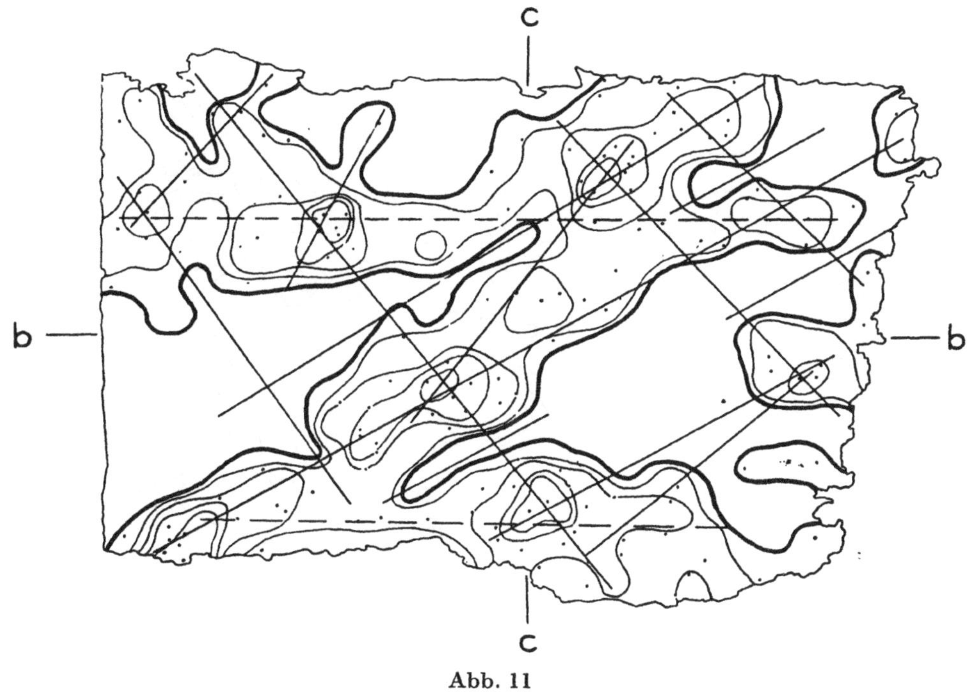

Abb. 11
Einzeldarstellung der Richtungsgruppe RG_1 nach dem Stoffdichte-Punktbild ausgezählt.
***Okl*/*O$\overline{k}$l*-Feinlagenrichtungen sind durch Geraden gekennzeichnet, *ab*-Lagen durch gebrochene Linien.**

verteilungsbilder eingetragen. Zu Fl wurden ebenfalls girlandenförmige Maximaaneinanderreihungen verbunden. An 13 Stellen wurden Fl eingemessen, die subparallel zur Schieferungsfläche liegen und in den RG-Kornverteilungsbildern infolge der Kornlängung in *ab* || *b* besonders deutlich erscheinen. Die *Okl*/*O$\bar{k}$l*-Fl streuen, wie aus Abb. 9 ersichtlich ist, über größere Bereiche. Der Winkel μ als *Okl* $\sphericalangle$ *O$\bar{k}$l* über *c* gemessen bewegt sich zwischen 144° und 52° bei einem Maximum zwischen 111° und 81°. Der Wert von $\mu - \varphi = \varrho$ ist < 0 bis auf den kleinsten Winkel von $\mu = 52°$, dort ist $\varphi = \mu$ und $\varrho = 0$.

Eine Bevorzugung bestimmter Fl-Richtungen innerhalb der verschiedenen RG ist nicht festzustellen. Das deutlichste Fl-Regelungsbild zeigt RG_1. Eine Tendenz zur Kornlängung in Richtung der Fl ist nicht zu beobachten.

Es bleibt zu untersuchen, ob zwischen den Fl und den insularen Maxima innerhalb der Fl auf der einen und der Korndichte des AVA-Gesamtbereiches auf der anderen Seite Beziehungen bestehen. Das Korndichtebild Abb. 12, ausgezählt nach Prozenten der Besetzungsdichte mittels Sechseck (1% der Gesamtfläche) nach hexagonalem Punktmuster, zeigt eine völlig anisotrope Kornverteilung. Die Korndichtemaxima (Kd_{max}) und -minima (Kd_{min}) zeichnen in ihrer Anordnung und Verzerrung vor allem die Hauptscherfläche || *ab* nach, aber auch die *Okl*/*O$\bar{k}$l*-Fl-Richtungen sind deutlich zu erkennen. Das Korndichtebild zeigt die Fortsetzung der oben erwähnten Zerfallsstrukturen ehemaliger Großkörner in den Kleinbereich hinein und die Konzentration des Kleinkornes auf Scherflächen. In das Korndichtebild sind zusätzlich die Maxima der Stoffdichte-Punktbilder eingetragen. Es ist zu sehen, daß sich die Kd_{max} im wesentlichen homogen auf die verschiedenen RG aufteilen. Damit sind also die Fl der einzelnen RG zum Teil durch die Korndichte vorgezeichnet. Der Winkel ν, den die Fl der Kd_{max} und Kd_{min} über c miteinander einschließen, beträgt im Mittel 79°, zwischen den maximal bevorzugten Fl 76°, und er ist damit im Mittel um etwa 20° kleiner als der Win-

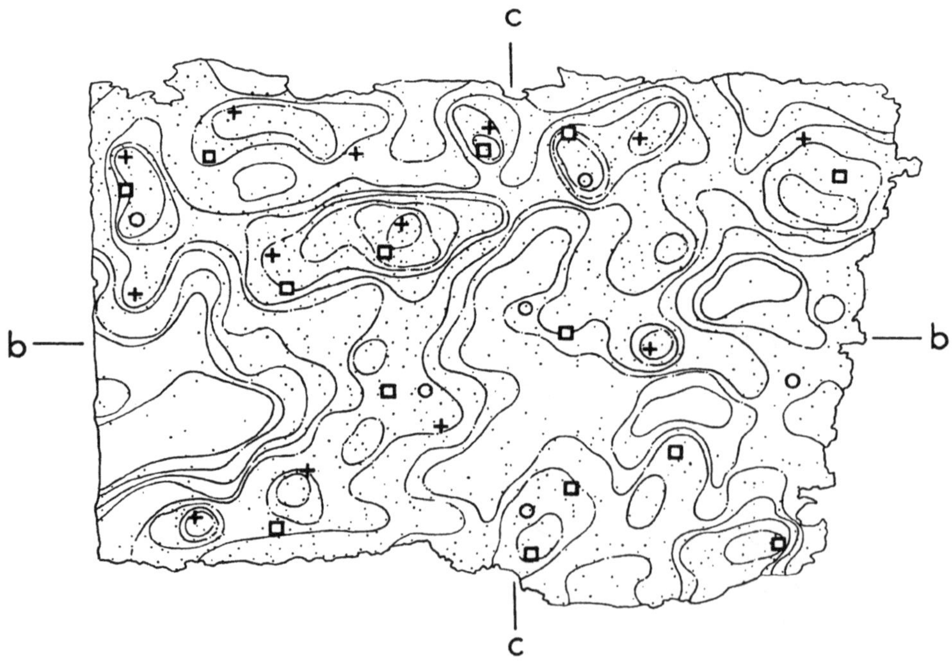

Abb. 12
Korndichtebild des AVA-Gesamtbereiches = 1280 Körner
○ Zentrum für insulare Maxima der RG_1
□ Zentrum für insulare Maxima der RG_{2-4}
+ Zentrum für insulare Maxima der RG_{5-6}

kel μ. Die Kd_{min} sind dagegen inhomogener auf die RG verteilt und entsprechen den insularen Drehlagenparallelitäten von reliktischen Großkornbereichen. Sehr deutlich ist diese Beziehung bei RG_1, die fast an keinem Kd_{min} beteiligt ist.

Eine Abhängigkeit der Korngrößen von der Drehlage der c-Achsen wurde von SCHWARZACHER und UNTERSTEINER (1953) an Gletschereis gefunden, KOARK (1957) übertrug diese Beobachtung auf eine Quarz-AVA und fand für die einzelnen RG ebenfalls unterschiedliche Mittelwerte der Kornquerschnittsareale. Ob dieser Beobachtung eine Bedeutung zukommt war aus dieser einen Analyse nicht zu entscheiden. Für die vorliegende AVA ist eine ebensolche Untersuchung angestellt worden (Tabelle 2). Über die Planimetrierung der Kornquerschnitte wurde für die einzelnen RG der jeweilige Mittelwert der Kornquerschnittsareale ermittelt. Die Angaben in mm² entsprechen dem aus dem fotografisch vergrößerten AVA-Gesamtbereich entnommenen und in das Dünnschliffareal reduzierten Originalmaß. Den kleinsten Mittelwert zeigen die Körner der RG_1, d. h. Drehlagen, die in das Maximum I fallen. RG_3 und RG_6 als Randmaxima zeigen nur wenig voneinander abweichende Mittelwerte, die aber deutlich größer als der Wert von RG_1 sind. Das größte Kornquerschnittsareal besitzen Körner, deren Drehlagen in die vier Maxima innerhalb der beiden Gürtel fallen. RG_2 und RG_4 sind dabei in der Tabelle zusammengefaßt, da aus bereits erwähnten Gründen in RG_5 schon die beiden Innenmaxima des zweiten Gürtels gemeinsam enthalten sind.

Eine Auswertung der AVA in bezug auf den Regelungsmechanismus erfolgt auf S. 39.

Tabelle 2

	Kornanzahl	= in % der Gesamtkornzahl	Gesamtfläche der Kornquerschnitte in %	Gesamtfläche der Kornquerschnitte in mm²	Mittel des einzelnen Kornquerschnittareales in mm²
RG_1	152	11,88	8,65	23,355	0,1536
RG_2 RG_4	565	44,15	44,36	119,772	0,2119
RG_3	259	20,23	17,33	46,791	0,1806
RG_5	121	9,45	16,56	44,712	0,3695
RG_6	183	14,29	13,10	35,370	0,1933

2.42 *Die Genese des Quarzlamellengefüges*

Wenn vorausgesetzt wird, daß die genetische Interpretation der oben beschriebenen Lamellengefüge zur Diskussion der Zweigürtelregelung beitragen kann, muß zunächst überprüft werden, ob tatsächlich eine direkte Beziehung zwischen der Gitterregelung und dem Lamellengefüge besteht. Im Gegensatz zu SANDER (1950) und FAIRBAIRN (1941) haben viele Autoren Beispiele für die Unabhängigkeit beider Gefüge voneinander erbracht und Lamellen als spättektonische Erscheinungen beschrieben, die ohne Beziehung zu der im Gestein vorherrschenden c-Achsenregelung sind (INGERSON and TUTTLE 1945, RILEY 1947, TURNER 1948, WEISS 1954, PRESTON 1958, CHRISTIE and RALEIGH 1959, HARA 1961_1). In allen Fällen waren es in erster Linie die Diskordanz der Gefügeachsen zwischen beiden Gefügeelementen und die trikline Symmetriebeziehung der Lamellen gegenüber den megaskopischen Daten, die eine Unabhängigkeit beider nahelegten. Dazu kommt häufig die Isolierung c-Achsen tragender Körner in bestimmten Maxima oder Maximaanordnungen, die zum Teil als Sekundärmaxima im c-Achsendiagramm erscheinen und als eine mit dem Lamellenmechanismus verbundene Gitterumorientierung angesehen werden.

Sowohl in dem Diagramm der Abb. 7 als auch in dem von Abb. 8 besteht zwischen dem Lamellen-, dem c-Achsen- und dem Makrogefüge eine absolut rhombische Quasisymmetrie. In beiden Diagrammen sind unabhängig davon, wieviel Prozent der Körner Lamellen besitzen, alle auftretenden Maxima Träger von lamellierten Körnern. Beide Diagramme sind von höchst rhombischer Symmetrie und zeigen keine Hauptmaxima, die für ideale Zweigürtel ungewöhnlich wären (siehe S. 35) und als Sekundärregelungen in Frage kämen. Aus der Beschreibung der Probe 1 ging hervor, daß das Gefüge absolut von Kataklase, verbunden mit Lamellenmechanismus, beherrscht wird und daß die Gitterregelung in diesem Stadium fixiert sein muß. Für beide Diagramme kann also eine homoachse Regelung von c-Achsen und Lamellen vorausgesetzt werden.

Die Mehrzahl aller in der Literatur bekannten Lamellendiagramme zeigt zwei etwa 90° voneinander entfernt liegende Maxima, die zwei sich unter diesem Winkel schneidenden Flächenscharen entsprechen. Für diese Fälle ist aus der einfachen Lagebeziehung zwischen c_W und $L_\perp$ u. a. von Turner, Christie and Raleigh und Hara (1961_2) auf das Lamellen produzierende Stress-System gefolgert worden. Nach Turner (1948) befindet sich das Lamellenlot näher an der Kompressionsrichtung (oder Tensionsrichtung) als c_W des gleichen Kornes. Hara (1961) erweitert:

a) $L_\perp$ liegt näher an der Kompressionsrichtung als c_W,
b) c_L liegt näher an der Kompressionsrichtung als c_W,
c) in jener Ebene, in der die Lamellenlote sich in zwei etwa 90° voneinander entfernten Maxima konzentrieren, liegen gleichzeitig die Kompressions- und Tensionsachse,
d) die Kompressions- und Tensionsachse liegen zusammen mit den zwei Lamellenlotpaaren auf einem Großkreis in der Mitte zwischen den Maximapaaren.

Die Lamellenregelung der Proben 1 und 2 gehört einem selteneren Typ an mit Belegung von Kegelmänteln, die konische Scherflächen anzeigen. Riley sowie Christie and Raleigh beschrieben diesen Typ aus den viel zitierten Baraboo-Quarziten von Wisconsin sowie aus Quarziten Südkaliforniens und vom Liegenden der Moine-Überschiebung in Schottland. Nach den beiden letzten Autoren ist die Konusachse gleichzeitig Achse der maximalen Kompression. Für die Beispiele von Abb. 7 und Abb. 8 ist die Konusachse jedoch gleichzeitig Achse der maximalen Tension, da sie mit der Streckungsachse *b* zusammenfällt, vorausgesetzt, daß nicht eine Kompression in *b* an die Streckung anschließt, wofür es jedoch keine Hinweise gibt.

Der Winkel $L_\perp \sphericalangle c_W$ in Abb. 8 gibt ein scharfes Maximum zwischen 10 und 25°. Im Gegensatz dazu steht der Fall von Abb. 7, wo dieser Winkel keine Bevorzugung bestimmter Lagen erkennen läßt, sondern kontinuierlich zwischen 0—90° schwankt. Auf diese Winkelbeziehung $L_\perp \sphericalangle c_W$ verweisend, gibt es im wesentlichen für die Lamellenableitung drei Interpretationen:

a) Translationsgleitung parallel rationalen kristallographischen Flächen, z. B. den Basisflächen und den Rhomboederflächen (u. a. Schmidt 1927, Sander 1930),
b) intragranulare Scherflächen mit begrenzter Beziehung zu kristallographischen Flächen und eventuell späterer Rotation, z. B. im Sinne der „Frontwendungshypothese" von Hietanen 1938; u. a. Fairbairn 1941, Turner 1948,
c) intragranulare Scherung unabhängig von kristallographisch definierten Ebenen (z. B. Ingerson und Tuttle 1945, Christie und Raleigh).

Eine Ableitung der beiden hier besprochenen Beispiele ist nach Ansicht des Vf. mit der letzteren Hypothese am besten möglich. Die Lamellen entsprechen Deformationslamellen und -bändern (kinkbands) parallel irregulären Ebenen, die im Gefolge von Scherung parallel der [0001]-Achse betätigt werden.

Dieser Prozeß setzt nach erfolgter Achsenregelung ein, z. B. durch plötzliche Änderung der Hauptspannungsdifferenz bei niedriger Temperatur und fehlender Lösungsphase, so daß keine oder nur eine geringe Rekristallisationsmöglichkeit für den Quarz gegeben ist. Die

Orientierung der Lamellen in konischen Scherflächen ist dabei allein stressabhängig. Auf Grund der starken zerscherenden und kataklasierenden Deformation in Probe 1, die zur Bildung isolierter Langquarze innerhalb einer mylonitischen Gleitmatrix bei intensivem Gesteinsfließen führt, werden in den Körnern unabhängig von der jeweiligen Achsenlage die Lamellen betätigt. Der Winkel $L_{\perp} \sphericalangle c_W$ ist daher je nach der entsprechenden Achsenausgangslage beliebig groß. Probe 2 wird von einem fast monomineralischen, gut suturierten Quarzkornverband beherrscht, der wegen dieser Kornverspannung im Gegensatz zur Probe 1 nur ein begrenztes Formänderungsvermögen zeigt. Die dem Druckminimum zugewandten konischen Flächen maximaler Schubspannung werden nur in jenen Körnern durch Lamellen nachgezeichnet, deren c-Achse den geringsten Abstand zur Scherfläche besitzt und deren Verspannung entsprechende Formänderungen zuläßt.

Im Achsendiagramm der Probe 2 muß auch eine geringe sekundäre Verstellung von Achsen in Betracht gezogen werden. Der Winkel zwischen beiden Gürteln, für den *b* Winkelhalbierende ist, wird in spürbarer Weise von bogenförmigen Achsenhäufungen überspannt, so daß sich im Regelungsbild nicht nur zwei Gürtel, sondern auch zwei Kleinkreise um *b* abzeichnen. Da gerade zwischen Maximum I und dem Lamellenkonus der größte Abstand besteht, ist eine geringe Verstellung der c-Achsen durch Externrotation im Verlaufe der Korn-Formänderung unter Beteiligung des Lamellenmechanismus wahrscheinlich. Die Differenz der Konusöffnung zwischen *a* und *c* ist Ausdruck des triachsialen Deformationscharakters. Achsenregelungen auf Kleinkreisen um *b* als Richtung des Druckminimums, allerdings ohne Lamellenbeteiligung, wurden z. B. auch von Sander (1950, D 41) aus Stengelgneisen beschrieben. Ebenso führt Hara (1962) *ac*-Parallelgürtel mit einem Öffnungswinkel der beiden Kleinkreise von etwa 120° um *b* auf achsiale Tension in *b* zurück, wenn die Kompression in allen Richtungen der *ac*-Ebene gleich groß ist. Bei achsialer Kompression in *b* und gleichmäßigem Verlauf der Tension innerhalb der *ac*-Ebene sollen dagegen Kleinkreise mit einem Öffnungswinkel von 60° entstehen. *ac*-Parallelgürtel der ersten Art treten neben Zweigürtelausbildung mit unterschiedlicher Regelungsschärfe in den Serizitgneisen von Döbeln und den sie begleitenden Glimmerschiefern und Gneisglimmerschiefern auf.

2.5 Quarzlinse aus Glimmerschiefer des inneren Granulitgebirgsschiefermantels

Die Probe entstammt einem Granatglimmerschiefer, der südlich Oberrossau im Rossauer Wald (südlicher Schiefermantel) aufgeschlossen ist. Zahlreiche syngenetische Quarzknauer, 10—30 cm lang, sind parallel der Schieferungsfläche eingeschaltet und parallel der *b*-Lineation gestreckt. Auf der Oberfläche des Quarzkörpers ist die Lineation des einbettenden Schiefers sehr kräftig nachgezeichnet. Mehrere krummschalige, mit Muskowit belegte *s*-Flächen durchteilen in größeren Abständen voneinander die Quarzknauer. Das mikroskopische Gefügebild parallel *a* zeigt einen xenoblastischen Quarzkornverband ohne bevorzugte Korngestalt. Im Schnitt parallel *b* herrscht ein Kreuzverband nach $0kl/0\bar{k}l$ gelängter Quarze vor, die sich im Mittel unter einem Winkel von 106° schneiden (Azimutalprojektion im Diagramm der Abb. 13 und in Abb. 14a). Die mittleren Kornquerschnitte betragen etwa 250 µm und 850 µm. Die Körner sind durch stufenförmige, oft annähernd rechtwinklig verzapfte Nähte miteinander verbunden. Schwache Undulationen treten auf, nur im Schliff parallel *a* finden sich vereinzelte Undulationsstengelungen. Die c-Achsen belegen einen Zweigürtel ($\varphi = 92°$) mit einem kräftigen Maximum I, drei halbierten Maxima am Diagrammrand, wovon eins ein Nebenmaximum darstellt, und vier Maxima innerhalb der Gürtel, die etwa 50—60° vom Diagrammrand entfernt liegen. Von dieser Probe wurde ebenfalls eine AVA angefertigt, deren Stoffdichte-Punktbilder für die einzelnen RG bei Behr (1961) zu finden sind. Der AVA-Gesamtbereich wurde auf 764 Körner erweitert. Aus schlifftechnischen Gründen gelang es nicht, einen

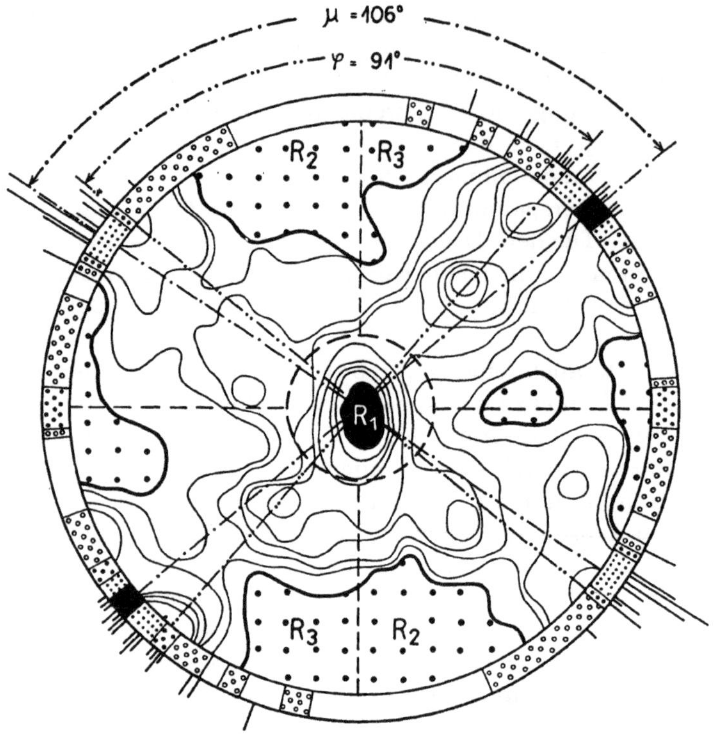

Abb. 13
764 Quarzachsen, (8—10)—7—6—5, —4—3—2—1—0%. R_1—R_3 = Aufteilung des Diagrammes in Sektoren verschiedener Richtungsgruppen. Azimutalprojektion: 200 Kornlängsachsen (10—11)—(7—10)—(4—7) —(1—4)%
78 Feinlagen als Richtungsstrahlen am Diagrammrand aufgetragen.
μ = Öffnungswinkel der Feinlagenscharen
φ = Öffnungswinkel der Zweigürtel.

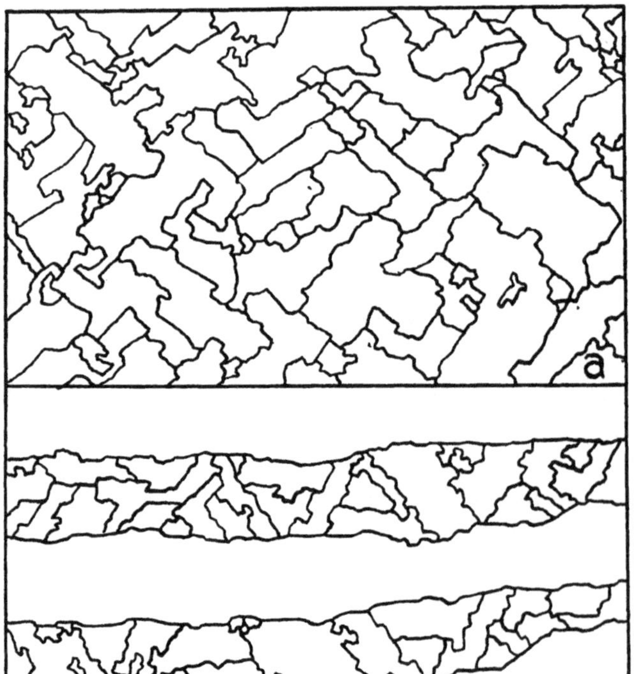

Abb. 14
a) Quarzkornverband mit Kornformen parallel $Okl/O\bar{k}l$. Quarzknauer im Glimmerschiefer. Schliff || b und ⊥ s. Vergr. 20×.
b) Quarzlagen mit Korngrenzen der Einzelindividuen, parallel $Okl/O\bar{k}l$. Quarzaugengneis. Schliff || b, ⊥ s. Vergr. 20×.

größeren AVA-Bereich zu erhalten, der einigermaßen der geforderten Regelungshomogenität entspricht. Auf Grund der ausgezeichneten *Okl*-Kornlagen sollte aber nicht auf eine nähere Analyse verzichtet werden. Die Kornzahl ist für eine AVA nicht sehr hoch, trotzdem glaubt der Vf., daß die Ergebnisse für eine ergänzende Diskussion zur ersten AVA ausreichen.

Nach der oben beschriebenen Methodik wurde diese Analyse weiter ergänzt. 78 Fl, gemessen an 34 Fl-Kreuzungsstellen, wurden als Richtungsstrahlen am Diagrammrand in Abb. 13 aufgetragen. Fl-Richtung und Kornlängsachsen fallen zusammen, d. h. $\varrho = \mu - \varphi$ ist mit $14° > 0$.

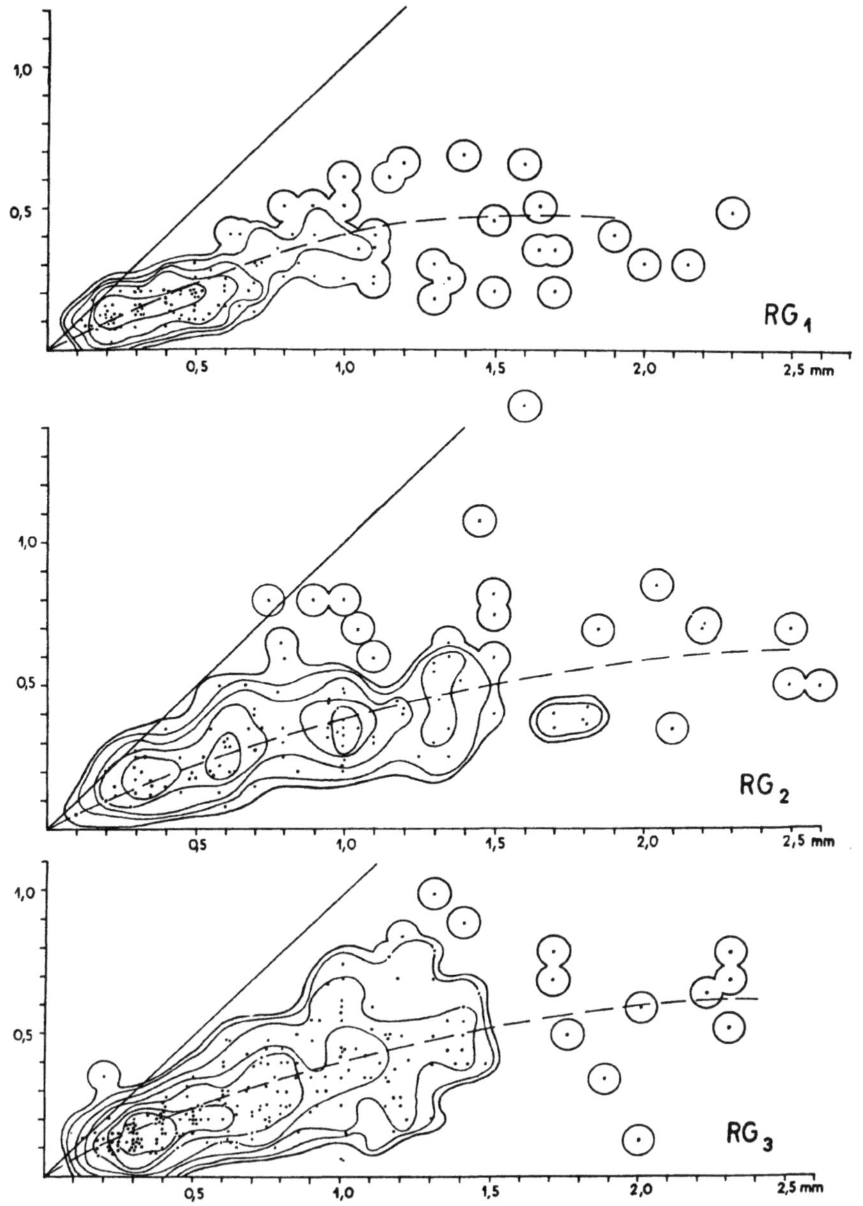

Abb. 15
Kornquerschnittsverhältnis der Richtungsgruppen RG 1—3 parallel und senkrecht zu den entsprechenden Feinlagen gemessen.
Ordinate: Durchmesser || Fl-Richtung, Abszisse: Durchmesser $\perp$ Fl-Richtung. RG_1 118 Körner, RG_2 105 Körner, RG_3, 217 Körner.

Im Korndichtebild heben sich die *ab*-Schieferungsebenen durch hoch besetzte und langgestreckte Maxima sehr kräftig ab. Aber auch die beiden *Okl*-Lagen sind deutlich erkennbar. Die entsprechenden Fl der Korndichte sind im Diagramm auf dem äußeren Strahlenkranz abgetragen und zeigen volle Übereinstimmung mit den Fl der RG und den Kornlängsachsen.

Die Längung der Kornquerschnitte parallel den $Okl/O\bar{k}l$-Austritten wurde in den Diagrammen der Abb. 15 nach dem von Koark (1957) angewendeten Verfahren untersucht. Für RG_{1-3} sind die Kornlängen und -breiten jeweils parallel und senkrecht zu den zugehörigen Fl gemessen (also nicht die maximalen Ausmessungen) und in gesonderte Diagramme eingetragen. Die die Diagramme teilenden Diagonalen entsprechen den Lagen isomorpher Körner (in bezug auf die Rg-Fl). Ausgezählt wurde mit einem 1-%-Kreis. Die gebrochenen Linien zeigen den Schwerpunktverlauf für alle Längenverhältnisse parallel und senkrecht zu den entsprechenden Fl-Mittelrichtungen. Es ist festzustellen, daß die Körner aller RG einen bedeutend längeren Querschnitt parallel den $Okl/O\bar{k}l$-Fl aufweisen, wobei der Grad der Heteromorphie mit steigender Korngröße wächst.

Aus einer Untersuchung über die Beziehungen zwischen Korngröße und Drehlage (Tabelle 3) ist zu entnehmen, daß der kleinste Mittelwert wie in der ersten AVA in der RG_1 (Körner des Maximum I) zu finden ist. Der Abstand zwischen dem kleinsten Mittelwert von RG_1 und dem nächstgrößeren von RG_3 ist etwa viermal so groß wie derjenige zwischen RG_2 und RG_3. Das Ergebnis spiegelt sich auch in den Kornquerschnittsdiagrammen der Abb. 15 wider, obwohl dort ja nicht die wahren Korndurchmesser eingetragen wurden.

Tabelle 3

	Kornanzahl	= in % der Gesamtkornzahl	Gesamtfläche der Kornquerschnitte in %	Gesamtfläche der Kornquerschnitte in mm²	Mittel des einzelnen Kornquerschnittareales in mm²
RG_1	162	35,73	19,15	33,378	0,2067
RG_2	329	43,06	44,36	77,319	0,2351
RG_3	237	21,21	32,09	55,933	0,2419

Das Querschnittsareal jener Körner, die in die Innenmaxima der Gürtel fallen, ist nicht festzustellen, da sie von vornherein nicht als RG ausgeschieden wurden.

Durch die Bemusterung der Dünnschliffe zahlreicher anderer Quarzlinsen des südlichen und nördlichen inneren Schiefermantels konnte eine weite Verbreitung der $Okl/O\bar{k}l$-Kornlängung nachgewiesen werden. In den meisten Fällen ist jedoch eine Richtung stark überbetont. Alle untersuchten Proben mit Kornlängungen zeigen ebenfalls Zweigürteldiagramme, wobei der Winkel μ meist nur um wenige Grade höher als φ ist und zwischen 90 und 100° schwankt. Einseitige Kornlängungen stimmen mit einseitig überbetonten Gürtelausbildungen völlig überein. Die Kornquerschnitte in den Schliffen parallel *a* zeigen entweder in *s* parallel *a* starke Längung oder einigermaßen isomorphe Formen. Im ersten Fall handelt es sich also um annähernd tafelförmige, im zweiten Fall um mehr stenglige Quarzkornformen, die in $Okl/O\bar{k}l$ liegen. Streckungsbeträge in *b* sind aus der Kornform daher nicht ableitbar. $hOl/\bar{h}Ol$-Flächen waren im allgemeinen nicht nachzuweisen, auch nicht durch Drehlagenhäufigkeiten bei Prüfung mit dem Gipsplättchen. Wenn sich *hOl*-Flächen an der Parallelstellung feinster Serizitblättchen abzeichneten, so wichen bei dem Auftreten von zwei Flächenscharen die Winkel gegenüber *ab* stark voneinander ab und ihre Schnittpunkte mit $Okl/O\bar{k}l$ fielen nicht in die Innenmaxima der Gürtel.

Der die Quarzlinsen einbettende Glimmerschiefer zeigt dagegen in den meisten Fällen durch Glimmer markierte ein- oder zweischarig ausgebildete *hOl*- und *Okl*-Flächen, wobei die *hOl*-

Lagen meist die kräftigeren sind. Quarzkornlängungen nach $Okl/O\bar{k}l$ treten in keinem Fall auf. Die c-Achsen belegen zum Teil erkennbare Zweigürtel, die aber einen größeren primären Streuungsfaktor durch die weiche Lagerung der Quarze auf Grund des hohen Glimmeranteils aufweisen. In einigen Fällen tendieren die c-Achsendiagramme der einhüllenden Glimmerschiefer zu breiten *ac*-Gürteln, in anderen Fällen zeigen sie keine einfach deutbare Regelung.

2.6 Frankenberger Zwischengebirge und erzgebirgische Graugneise

Einblick in ein umfangreiches Material über die Kornregelung der Gneise, Quarzite und Grauwacken des Frankenberger Zwischengebirges gestattete mir Herr Dipl.-Geol. Kurze (1964)[1]). Absolut vorherrschender Regelungstyp ist auch hier der Zweigürtel mit kleinem Winkel φ entsprechend der starken epizonalen Durchbewegung der Gneise bei kräftiger Streckung in *b*. Im Gegensatz zu den bisher behandelten Beispielen treten hier gelegentlich Kleinkreisbesetzungen um *c* auf, für die folgende Ableitungen möglich sind:

1. Eine kinematische Interpretation auf der Grundlage von *Okl*/*hkO*/*hOl*-Transversalschieferungssystemen geben Kojima und Hide (1958). Danach schließt in den von ihnen untersuchten Quarziten und Schiefern an die Achsenebenenschieferung ein erstes Transversalschieferungssystem (*hOl*) mit Gleitrichtung in *a* an. Fortschreitende Rekristallisation und steigender Metamorphosegrad ändern das Deformationsverhalten des Gesteins, und Streckung in *b* setzt ein unter Ausbildung sekundärer Schieferungssysteme mit zweischarigen *Okl*- und *hOl*-Flächenpaaren. Die Quarzregelung wird erst in dieser zweiten Periode fixiert, und unter Wirkung der Regelungshypothese von Kojima und Suzuki (1958), nach der die r- und z-Flächen des Quarzes in die Scherflächen zu liegen kommen und Kornscherung parallel dieser Rhomboederflächen nur in Richtung der Achsenneigung erfolgt, lassen die Quarzdiagramme folgende Regelungsprinzipien erkennen:
   a) die c-Achsen liegen auf Kleinkreisen 38° von den entsprechenden Flächen entfernt,
   b) die c-Achsen liegen innerhalb dieser Kleinkreise an jenen Seiten, die durch die Richtung der Relativbewegung auf den entsprechenden *s*-Flächen markiert werden,
   c) die c-Achsen konzentrieren sich an Schnittpunkten der Kleinkreise mit den *ac*-Ebenen der verschiedenen *s*-Flächensysteme.
2. Nach den bereits erwähnten thermodynamischen Theorien von Brace und Kamb können sich Kleinkreise um *c* entwickeln mit φ von etwa 120°, wenn $p_z > p_x$ ist und $p_x = p_y$, sowie mit Winkel φ von etwa 30°, wenn $p_x > p_z$ ist.
3. Kleinkreisbesetzungen können schließlich auch durch Belegung konischer Flächen mit oder ohne Mitwirkung von Lamellenmechanismen entstehen, entsprechend den bereits weiter oben angeführten Fällen.

Welche der drei Ableitungen dem jeweils vorliegenden Untersuchungsobjekt am besten entspricht, läßt sich durch genaue Analyse meist entscheiden.

Nach einer freundlichen Mitteilung von Herrn Dipl.-Geol. Hofmann (1964)[1]) ist auch im Graugneis der Freiberger Kuppel Zweigürtelregelung vorherrschend mit größerem Winkel φ in den Kernteilen und kleinerem Winkel φ in den Gneisen der oberen Stufe.

Eigene Untersuchungen in den Graugneisen der Marienberger Kuppel und anderen Einheiten des Erzgebirges sowie Material verschiedener Diplomarbeiten am Geologischen Institut der Bergakademie Freiberg[2]) belegen die weite Verbreitung von Zweigürtelregelungen im erzgebirgischen Graugneis. Allerdings wird die Grundanlage der Zweigürtel oft von Triklinisierungen aus den verschiedensten lokal wirksam werdenden Ursachen sowie primären und

[1]) Am Geologischen Institut der Bergakademie Freiberg.

[2]) Zänker (1961), Kühn (1961), Walther (1962).

sekundären Streuungseffekten überspielt. Nur durch ein umfangreiches Material kann das regional bedeutsamste petrotektonische Element aus den oft verwirrenden lokalen Verschiedenheiten erkannt werden.

3. Zum Mechanismus der Zweigürtelregelung

Aus den analysierten Beispielen ergeben sich mehrere genetische Gesichtspunkte:

1. Das Ergebnis der zwei AVA zeigt völlige Übereinstimmung mit den durch Sander (1950) analysierten Quarziten von Gries und Rensenspitze und bestätigt die Verknüpfung der Zweigürtel mit *Okl*-Scherflächenmechanismen.
2. Die Unabhängigkeit des Winkels φ von kristallographischen und physikalischen Größen des Quarzes wird durch die Streuung des Winkels im Sammeldiagramm Abb. 16 erwiesen. Im Gegensatz zu dieser rein stressabhängigen Zweigürtellage steht die Pseudozweigürtelregelung mit einem konstanten Winkel φ, der in Abhängigkeit vom E-Modul auf thermodynamischer Grundlage ableitbar ist.

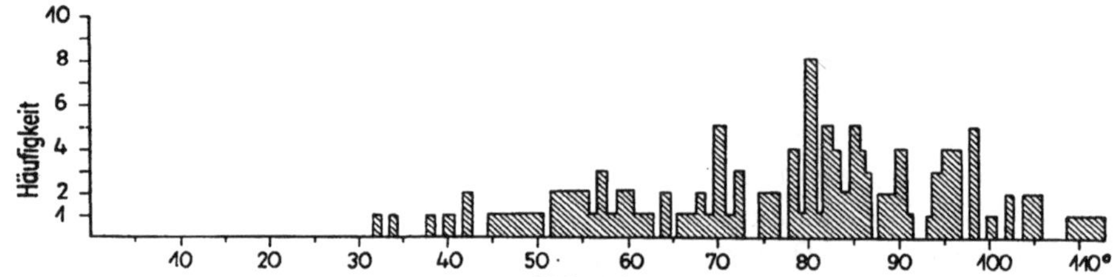

Abb. 16
Winkel φ aus 118 Zweigürteldiagrammen.

3. Der Winkel φ steht in einer direkten Beziehung zum Streckungsbetrag in *b*. Bei Zweigürteltektoniten, die keine oder nur eine geringe Streckung parallel *b* zeigen, die infolgedessen auch nur schwach entwickelte *b*-Lineation aufweisen und meist frei von sichtbaren Deformationsmerkmalen am Quarzkorn sind, liegt φ um 90°. Mit zunehmender Deformation und Streckung parallel *b* wird φ allmählich kleiner und bewegt sich bis $\sim$ 30°.
4. Die Auswertung aller innerhalb der Gürtel auftretenden Maxima mit Belegungsdichte $>$ 3% ist in Abb. 17a dargestellt. Am häufigsten treten die Randmaxima auf und das Maximum I im Schnittpunkt der Gürtel. Die Innenmaxima sind bei höchstsymmetrischen Diagrammen regelmäßig auf allen vier Halbgürteln angeordnet, meist erscheinen sie jedoch mit trikliner Belegungsdichte. An vier deutlich hervortretenden Punkten und unabhängig von der Größe des Winkels φ konzentrieren sich diese Maxima etwa 0, 20, 45 und 50—60° vom Diagrammrand entfernt. Die Lagekonstanz dieser Innenmaxima ist mit der Ableitung von Sander (1950, S. 212) durch Einschnappen von c-Achsen in die Schnittkanten von *hOl*/*Okl*-Ebenen nicht in Übereinstimmung zu bringen. Abgesehen davon, daß *hOl*-Flächen bei den analysierten Beispielen nur in seltenen Fällen auftreten, die außerdem nicht die geforderten Lagen innehatten, müßten stets zwei oder drei symmetrische *hOl*-Flächenscharen ausgebildet sein, die sich dann in allen Diagrammen unter gleichen Winkeln schneiden. Es ist vielmehr anzunehmen, daß die Schnittwinkel der *hOl*-Flächenscharen in Abhängigkeit von der Deformation ebenso wie die der *Okl*-Flächen in Abb. 16 alle beliebigen Lagen einnehmen können.

Beschreibt man für die verschiedenen Maxima die kristallographische Lage der sie bildenden Quarzkörner gegenüber den Scherflächen, so können rein deskriptiv folgende Orientierungen möglich sein: Maximum I (bei 90°): Kante m:m : [1]) parallel *a* in *s*, m parallel *s*

[1]) Die verwendete Nomenklatur der kristallographischen Flächen: c — Basispinakoid (0001), m — Prisma erster Ordnung $(10\bar{1}0)$, a — Prisma zweiter Ordnung $(11\bar{2}0)$, r — positives Rhomboeder $(10\bar{1}1)$, z — negatives Rhomboeder $(01\bar{1}1)$, s — trigonale Bipyramide $(11\bar{2}1)$, x — trigonales Trapezoeder $(51\bar{6}1)$.

Maximum III (Randmaxima bei 0°): Kante m:m parallel *a'* in *Okl*/*O$\bar{k}$l*, m in *Okl*/*O$\bar{k}$l*

Maximum zwischen 50—60°: Kante r:r bzw. z:z subparallel *a'* in *Okl*/*O$\bar{k}$l* mit m als winkelhalbierende Ebene beider Flächen in *Okl*/*O$\bar{k}$l*

Maximum zwischen 40—45°: Kante r:z subparallel *a'* in *Okl*/*O$\bar{k}$l* mit m als winkelhalbierende Ebene beider Flächen in *Okl*/*O$\bar{k}$l*

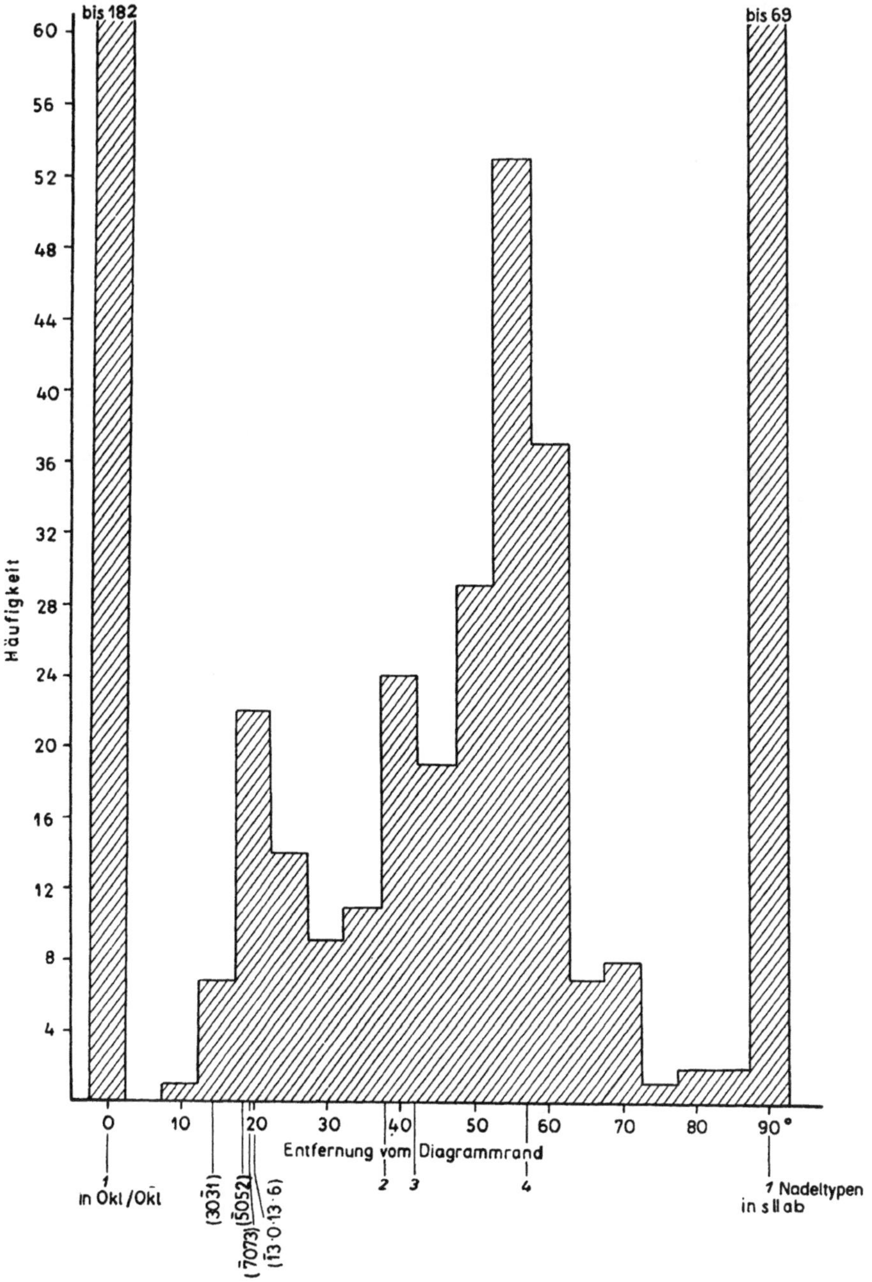

Abb. 17a

Häufigkeit der Winkelentfernung vom Diagrammrand zum Diagrammittelpunkt (Max. I in *a* bei 90°) von 499 Maxima aus 115 Zweigürteldiagrammen. Die Nadeltypen entsprechen denen von Abb. 17d, bezogen auf *Okl*/*O$\bar{k}$l*. Die Indizes markieren die Lage einiger steiler Rhomboederflächen bezogen auf *Okl*/*O$\bar{k}$l*.

Dieses Zusammenfallen bestimmter Kantenrichtungen mit *a* in $s = ab$ bzw. mit *a'* in *Okl/O$\bar{k}$l* und das Auftreten charakteristischer Winkel des Quarzkristalles im Zweigürteldiagramm ließe sich mit Hilfe der „fracture hypothesis" (FAIRBAIRN 1949), die von gitterabhängiger Kornzerbrechung mit intragranularer Achsenrotation ausgeht, sehr gut erklären, wenn vorausgesetzt wird, daß an der Nadelbildung stets eine m-Fläche beteiligt ist, die parallel zur betreffenden Scherfläche eingeregelt wird. SANDER (1930) und HIETANEN (1938, 1944) nehmen ein nadelförmiges Zerbrechen des Quarzes parallel c an und eine Rotation der Nadeln mit ihrer Längsachse parallel *a* der Scherflächen. GRIGGS und BELL (1938) kamen über experimentelle Arbeiten zu dem Ergebnis, daß Nadeln folgender Art möglich sind:

1. parallel der c-Achse (entspricht Typ 1 in Abb. 17d),
2. parallel der c-Achsenprojektion auf die Rhomboederflächen mit r $\sphericalangle$ c $\sim$ 38° (entspricht Typ 2 in Abb. 17d),

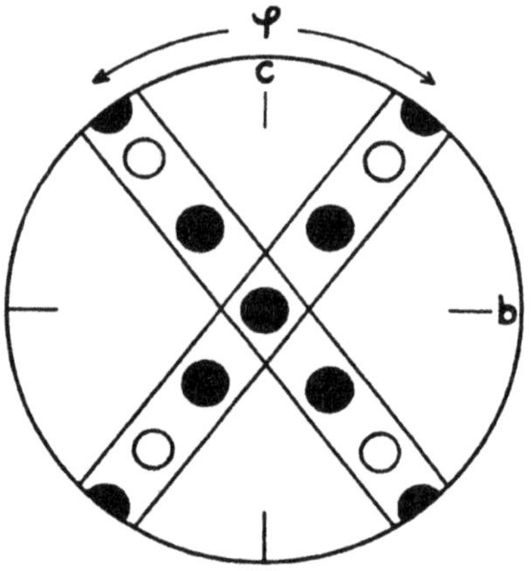

Abb. 17b
Schema der häufigsten Maximalagen im Zweigürteldiagramm.

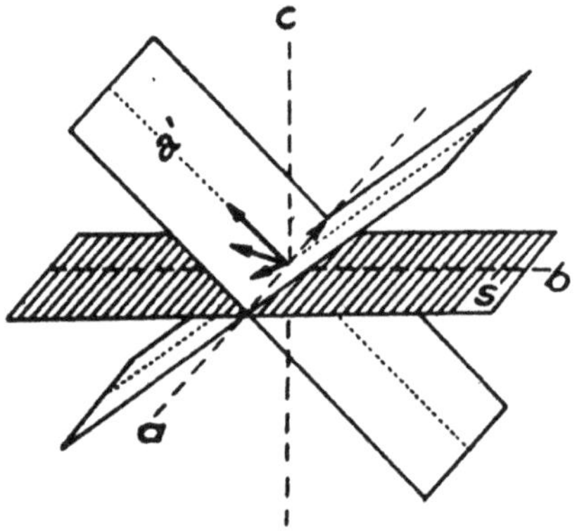

Abb. 17c
Schema der Scherflächen im Zweigürteltektonit. Tektonisch *a* in *s* || ab, *a'* innerhalb der zwei *Okl/O$\bar{k}$l*-Ebenen. Die Pfeile kennzeichnen die häufigsten c-Achsenlagen auf einer Gürtelhälfte.

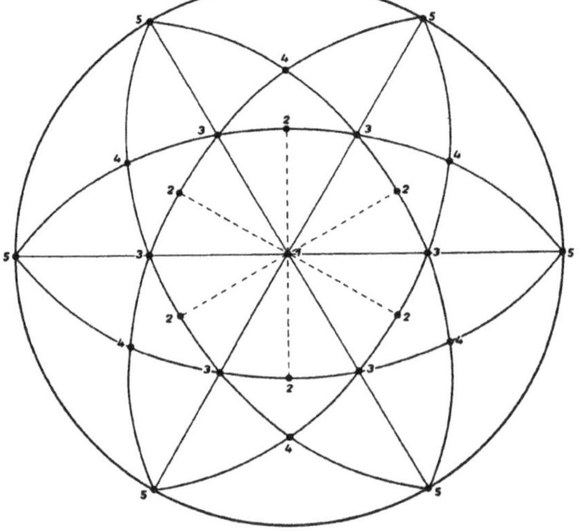

Abb. 17d
stereographische Projektion eines Quarzkristalles. Basis und Einheitsrhomboeder sind durch Großkreise dargestellt, die gebrochenen Linien bezeichnen die Projektionsspur der c-Achsen auf den Rhomboederflächen. Die Punkte repräsentieren die theoretischen Nadelachsen nach GRIGGS und BELL (1938).

3. parallel der Schnittkante zweier Rhomboederflächen mit r : z ∢ c ~ 42° bzw. r : r ∢ c ~ 57° (entspricht Typ 3 und 4 in Abb. 17d),
4. parallel der Schnittkante einer Rhomboederfläche mit der Basis mit m : r ∢ c bzw. m : z ∢ c ~ 90° (entspricht Typ 5 in Abb. 17d).

Diese Nadeln sollen von folgenden Flächen begrenzt werden:

1. durch nicht näher zu definierende Flächen,
2. durch Spaltebenen parallel einem Rhomboeder und einer irregulären Fläche parallel zur c-Achsenprojektion auf jene Rhomboederfläche,
3. durch zwei sich schneidende rhomboedrische Spaltflächen,
4. durch rhomboedrische Spaltflächen und Spaltung parallel zur Basis.

Die deutlichste Spaltbarkeit des Quarzes folgt den Rhomboederflächen (u. a. Mallard 1890, Sosmann 1927, Anderson 1945, Borg und Maxwell 1956). Auch Spaltbarkeiten parallel m, c, a, s und x sind beobachtet worden (Drugmann 1939, Fairbairn 1939, Bloss 1957). Parallel dem häufigsten Bereich der Quarzlamellen dagegen bei $L_{\perp}$ ∢ c_{Wirt} zwischen 0—30° wurde von Bloss bis auf die Basisspaltung ein ausgesprochenes Minimum an Spaltebenen gefunden. Griggs und Bell nehmen eine Einregelung der Nadellängsachse in *a* an

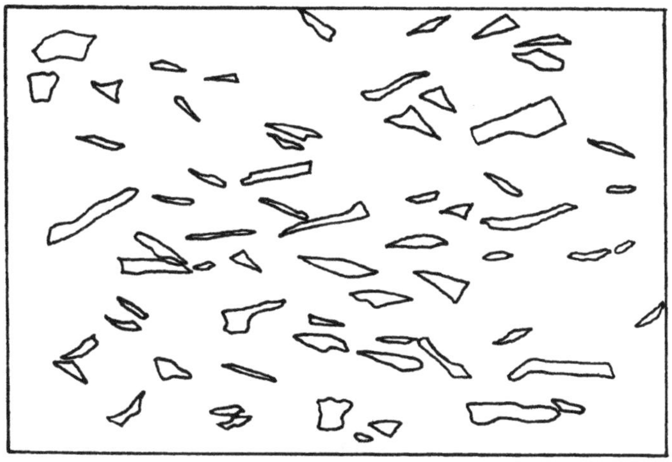

Abb. 18a
Durch reibende Zerkleinerung in einer Kugelmühle aufgemahlener Quarz. Vergr. 160×.

bei Parallelstellung einer Begrenzungsfläche in die *ab*-Ebene des Gefüges. Im Gegensatz zu Sander werden die Maxima I—VI mit unterschiedlichen Nadeltypen bei einschariger Scherung erklärt, wobei die Entstehung der Nadeltypen im Experiment weitgehend von der Orientierung des Stress zur c-Achse bestimmt wurde.

Die Neigung von Quarz, in nadlige Spaltstücke zu zerbrechen, die bei abnehmender Korngröße zum Teil ausgesprochen fibrolitische Formen aufweisen, ist u. a. in dem in Abb. 18a gezeigten Quarzmehl deutlich zu sehen.[1]) Es handelt sich um Quarzsand von Hohenbockau, der für keramische Zwecke in einer Kugelmühle bei nasser reibender Zerkleinerung bis auf 80 μm aufgemahlen wurde. Von mehreren gut einmeßbaren Nadeln ist der Winkel Nadelachse ∢ c-Achse bestimmt worden (Abb. 18b). Es ist zu sehen, daß alle gemessenen Nadeln kantenparallel r:r bzw. z:z und r:z verlaufen. Vorzugsweise haben die Nadeln einen dreieckigen Querschnitt.

[1]) Das Material verdanke ich Herrn Dipl.-Ing. Nützenadel vom Institut für Silikathüttenkunde der Bergakademie Freiberg.

Die Maxima der Zweigürtel lassen sich sehr gut mit den von GRIGGS und BELL gefundenen Nadeltypen 1—4 parallelisieren. Das Maximum bei 20° würde Nadeln parallel den c-Achsenprojektionen auf steile Rhomboederflächen entsprechen, deren Indizes in Abb. 17a angegeben sind.

Für den Regelungsmechanismus bei Zweigürteln darf also entsprechend dem oben dargestellten Beobachtungsmaterial die „fracture hypothesis" mit einiger Wahrscheinlichkeit angenommen werden. Der Regelungsvorgang vollzieht sich dabei im submikroskopischen Bereich bei intragranularer Verlegung der c-Achse entsprechend der Lage von a in s bzw. von a' in $Okl/O\bar{k}l$. Welches Maximum dabei vom Einzelkorn bevorzugt wird, hängt von seiner Ausgangsorientierung ab. An der zweiten Probe des Serizitgneises von Blankenstein war diese Entwicklung gut zu beobachten. Großkörner zerfallen durch $Okl/O\bar{k}l$-Scherung in Kleinkornaggregate, wobei sich, wie der Korndichteplan auswies, die dichtesten Kornanhäufungen an den durch die AVA ermittelten $Okl/O\bar{k}l$-Schnittpunkten konzentrierten. Die überwiegende

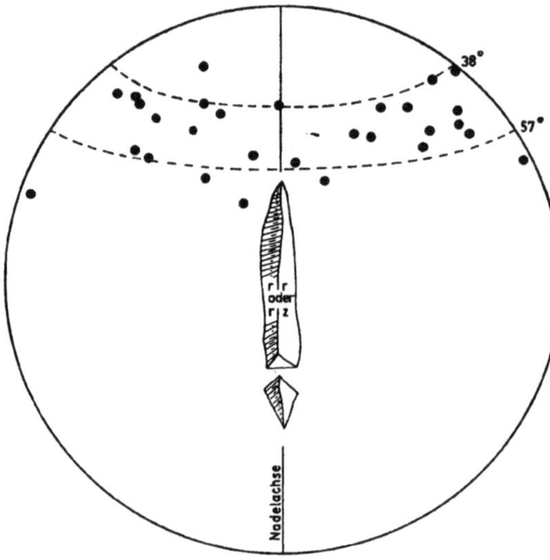

Abb. 18b
Nadelförmige Quarzspaltstücke aus einer Porzellanmasse. 29 Winkel Nadellängsachse ∢ c-Achse.

Anzahl der Subbereiche ursprünglich optisch einheitlicher Großkörner verlegt dabei ihre c-Achse in ein und dasselbe, lagegünstigste Maximum. Körner, deren c-Achse in Maximum I fallen, treten bevorzugt an $Okl/O\bar{k}l$-Kreuzungen auf. In Übereinstimmung damit steht, daß bei beiden AVA die kleinsten Kornquerschnittsareale an die Richtungsgruppe von Maximum I gebunden sind, d. h., daß an den Kreuzungsstellen die stärkste Kornzerscherung stattgefunden haben muß.

In beiden AVA ergab sich eine Differenz zwischen dem Winkel φ, den die Gürtel miteinander einschließen, und dem Winkel μ, unter dem sich die $Okl/O\bar{k}l$-Feinlagen in den verschiedenen RG-Kornverteilungsbildern schneiden. Diese Differenz $\varrho = (\mu - \varphi) > 0$ muß noch näher untersucht werden.

$\varrho > 0$ bedeutet nach SANDER inhomogene Kornzerscherung, d. h., zwischen den einzelnen Feinlagen bestehen größere Abstände, so daß nicht jedes Korn von $Okl/O\bar{k}l$ unmittelbar betroffen wurde. Die Differenz zwischen φ und μ soll durch eine ein- oder zweischarige Sekundärscherung innerhalb des Detritus der $Okl/O\bar{k}l$-Primärscherflächen erzeugt werden, wobei die Sekundärscherflächen in ihrer Richtung um den Betrag ϱ von der Primärscherung abweichen.

Die Sekundärscherflächen s' und s'' besitzen Eigenregelung mit Maximum I in a' bzw. a'', so daß die peripheren Maxima in *bc* entstehen können. Wenn genügend Körner mit $Okl/O\bar{k}l$-Flächen zerschert sind und entsprechende Detritusregelung erfolgt ist, können mehrere dieser Körner als zusammenhängende Richtungsgruppen erscheinen oder lagenweise mehr oder weniger deutlich in den $Okl/O\bar{k}l$-Ebenen des Gesamtgefüges angeordnet sein. Unter den für diese Arbeit verwendeten 119 Zweigürteldiagrammen würden allerdings nur einige wenige mit zweischariger Sekundärscherung zu konfrontieren sein.

Am Beispiel des Quarzaugengneises von Zöblitz und der Quarzlinse aus dem Glimmerschiefer konnte nachgewiesen werden, daß sehr deutliche Kornbegrenzungen oder gar Kornlängungen parallel den $Okl/O\bar{k}l$-Feinlagen ausgebildet sein können. Die Differenz zwischen φ und μ ist also gleichzeitig Ausdruck einer Heterotaktie zwischen der Regel von Kornform und Kornbau. Eine heterotaktische Überlagerung beider Regeln kommt auch darin zum Ausdruck, daß die c-Achsen-Regelung nach dem Okl- oder $O\bar{k}l$-Gürtel vollkommen unabhängig von der Okl- oder $O\bar{k}l$-Längung der entsprechenden Körner ist. Allerdings bezieht sich diese Differenz nur auf den Winkelbetrag ϱ, während die übrigen Symmetrieelemente gemeinsame sind.

Wie ist der Kornbau nach $Okl/O\bar{k}l$ zu erklären? Das Becke-Riecke-Prinzip scheidet nach Sander aus, da dann der maximale Druck auf beiden Scherflächen senkrecht gestanden haben müßte, was mechanisch unmöglich ist. Gegen eine Kornlängung durch Translation spricht einmal das Fehlen entsprechender Deformationsmerkmale, die jedoch durch Rekristallisation ausgelöscht sein können, zum anderen müßte diese Translation auf Grund der oben angeführten Heterotaktie gitterunabhängig erfolgt sein. Es wird dagegen für möglich gehalten, daß die sich parallel $Okl/O\bar{k}l$ unregelmäßig plattig verschränkenden Kornformen einer Regelung des Porenraumes entlang den $Okl/O\bar{k}l$-Primärscherflächen durch belteropore Rekristallisation folgen. Mechanisch ergibt sich zudem als einfache Funktion aus den Hauptnormalenspannungen (σ_1, σ_2, σ_3) und dem Neigungswinkel der Scherfläche eine Scherspannung, die in der Fläche, und eine Normalspannung, die senkrecht auf diese Fläche wirkt.[1]) Diese Normalenspannung senkrecht auf $Okl/O\bar{k}l$ könnte das Kornwachstum doch im Sinne des Becke-Riecke-Prinzips entlang den Scherflächen begünstigt haben. Als Gefügebildner im Sinne einer Ausmerzung bestimmter Drehlagen zugunsten einer Restregelung geeigneter zur Normalspannung orientierter Körner kommt dieser Entwicklungsweg jedoch nicht in Frage, da sehr gute Zweigürtel auch in Gesteinen ohne jede Regelung der Kornform, sogar in entsprechend deformierten Grauwackensandsteinen und schwach metamorphen Quarziten entwickelt sind, in denen die Quarze ihre sedimentären klastischen Kornformen noch vollkommen bewahrt haben.

Nach beendeter Primärscherung, die je nach ihrer Stärke entweder nur in den Feinlagen des Korndichteplanes oder in Verbindung mit kräftiger Rekristallisation in der Regelung der Kornform parallel $Okl/O\bar{k}l$ oder sogar über das Quarzgefüge hinausgreifend durch feinglimmerbelegte $Okl/O\bar{k}l$-Flächen im Gesamtgefüge des Gesteins sichtbar wird, entfernen sich die c-Achsen durch intragranulare Translation entsprechend der weiteren $Okl/O\bar{k}l$-Rotation um den Differenzbetrag ϱ von μ. Wenn $\mu = \varphi$ und $\varrho = 0$ ist, wurde die Deformation mit der Primärscherung beendet.

Es bleibt noch die Natur der $Okl/O\bar{k}l$-Scherflächen in ihrer Abhängigkeit von der Verformung des Gesamtgesteinskörpers und die Beziehung des Winkels φ zum Verformungsmechanismus zu erörtern. Dabei muß auf die Ergebnisse der experimentellen Gebirgsmechanik und Metallverformung zurückgegriffen werden, obwohl die bisher gewonnenen Erkenntnisse über Gesteinsverformung und -zerstörung auf Grund der großen Schwierigkeiten, die sich einer Repro-

---

[1]) Die mechanische Ableitung für einfache Schervorgänge am geologischen Körper gibt Hubbert (1951).

duktion natürlicher Gegebenheiten entgegenstellen, für petrotektonische Betrachtungen noch sehr lückenhaft und unvollkommen sind.

Nach KVAPIL (1961) wird die Deformation eines Gesteins bei allseitigem Gesteinszusammenhang durch allseitigen gleichmäßigen oder ungleichmäßigen Druck vom plastischen Verhalten bestimmt. KVAPIL unterscheidet drei Formen der Gesteinsplastizität: die scheinbare, die absolute und die teilweise, wobei die letztere für die Lösung tektonischer Probleme die ausschlaggebende ist. Sie wird charakterisiert durch einen allseitigen Gesteinszusammenhang, im Gegensatz zur scheinbaren Plastizität, und eine allseitige ungleichmäßige Druckbeanspruchung, im Gegensatz zu einer gleichmäßigen bei absoluter Plastizität. Während der Dauer der teilweisen Plastizität geht der feste Aggregatzustand in den plastischen über, und nach Abklingen der teilweisen Plastizität weist das Gestein eine bestimmte bleibende Änderung des inneren Aufbaues, eine bleibende Verformung des Kristallgitters auf.

Das Gestein ist entsprechend seinem polykristallinen Aufbau ein mechanisch inhomogener Körper, da die elastischen und plastischen Eigenschaften der Hauptkomponenten sehr unterschiedlich sind. Unsere Betrachtungen beziehen sich ausschließlich auf das Quarzteilgefüge und sein Verhalten bei der Deformation. Es ist bekannt, daß der Quarz die mobilste Gefügekomponente ist, die auf Verformung sehr rasch mit Gitterumorientierung durch intragranulare Translation antwortet. Demgegenüber reagiert z. B. der Glimmer trotz seines ausgeprägten Schichtgitters viel träger.

Der Quarz folgt nach den Versuchen von GRIGGS und BELL bis zur Bruchgrenze dem HOOKEschen Gesetz, zeigt also so gut wie kein plastisches Verhalten. Der hohe Energieinhalt der Si–O–Si-Bindung als Grundlage des dreidimensionalen Gitternetzverbandes bedingt die schlechte Spaltbarkeit und das Fehlen gut ausgeprägter Translationsebenen. Nach den Ergebnissen von GRIGGS und BELL sowie dem oben diskutierten Regelungsmechanismus zerbricht der Quarz schließlich in Gitternadeln, die entsprechend dem dreidimensionalen Gitter sehr verschieden orientiert sein können und in Bewegungsrichtung einrotiert werden. Bei mylonitischer Durchbewegung unter niedrigen Temperaturen, wo die Deformation noch nicht durch Rekristallisation verheilt ist, läßt sich der Zerfall größerer Quarzkörner in einen Mörtel von Gitterblöcken, die wie ein Brei in die Deformationsebene eingleiten, sehr gut verfolgen. Auf diese Weise kann sich die Gesamtheit des Quarzteilgefüges bei entsprechender mechanischer Regelung doch plastisch verhalten. Ebenso ist die Deformation bei Mitwirkung von Lamellenmechanismen eine plastische, die sich weitgehend mit der Funktionsweise von Gleitlinien und Deformationsbändern (kink-bands) bei Metallen vergleichen läßt.

Aus Druckversuchen an Gesteinsprobekörpern ist bekannt, daß die Ausbildung des Bruchkegels bzw. der Bruchflächenscharen meist nicht den senkrecht aufeinanderstehenden Mohrschen Ebenen maximaler Scherspannung entspricht, sondern daß der Bruchwinkel in Abhängigkeit von einer Materialkonstanten und der Größe der Grenzflächenreibung $< 90°$ ist. Wird der Versuch z. B. unter Schmierung der Druckflächen durchgeführt, so tritt der Bruch des Körpers durch senkrechte Risse ein (u. a. FÖPPEL, ROŠ und EICHINGER 1928, KVAPIL 1961, HÖFER 1958). Diese Erscheinung wird durch die unterschiedliche Querverformung erklärt, die bei großer Grenzflächenreibung in der Mitte zwischen den Druckflächen am größten ist, bei verminderter oder fehlender Reibung sich aber auf die ganze Probenhöhe gleichmäßig verteilt.

Die Ergebnisse dieser Untersuchungen sind auch für die Genese der *hkl*- und *ac*-Rupturen im natürlichen Gesteinskörper wichtig. Die Größe des Winkels φ läßt sich mechanisch in ähnlicher Weise ableiten. Bei Überwindung der Reibung gegenüber der senkrecht zur *ab*-Ebene stehenden Kraft infolge starker Streckung in *b* verringert sich die Winkelgröße φ. Der kleine Winkel φ im Serizitgneis von Blankenstein ist ganz offensichtlich mit einem förmlichen Gesteinsfließen in $s \parallel b$ verknüpft, ebenso die sich unter spitzem Winkel schneidenden

Zweigürtel der Granulite von Zöblitz. Während jedoch im Serizitgneis die Verformung unter hochepizonalen Bedingungen in geringem Tiefenniveau bei Betätigung von Lamellenmechanismus während der Hauptverformung erfolgte, verlief in den Gesteinen von Zöblitz der Prozeß unter Mitwirkung kräftiger para- bis postkristalliner Rekristallisation. Bei den Rotgneisen sind die Lamellengefüge im Gegensatz zum Serizitgneis im Gefolge postkristalliner tektonischer Nachwehen des Hauptdeformationsaktes zur Ausbildung gekommen. Auch bei den sehr stark gestreckten Quarzaugengneisen von Lippersdorf ist intensive Rekristallisation im Spiele gewesen. Im Gegensatz zu den Langquarzen im Serizitgneis mit ihrer rein mechanischen Streckung ist in den Quarzzylindern der Lippersdorfer Augengneise ein kräftiger Lösungsumsatz mit Neukristallisation in Streckungsrichtung aktiv gewesen. Der in bezug auf die Streckung ungewöhnlich große Winkel φ sowie die starke Tendenz zur triklinen Real- und Quasisymmetrie können mit diesem Überspielen der mechanischen Regelung durch Neukristallisation im Zusammenhang stehen. Auf jeden Fall verläuft der Verformungsprozeß in den Rotgneisäquivalenten im Gegensatz zum Serizitgneis im tieferen mesozonalen Niveau bzw. unter höheren Temperaturen mit aktiverer Rekristallisation.

Bei Verringerung der Verformungsmöglichkeit in b, d. h. bei Verringerung der Spannungsdifferenz zwischen a und b, steigt die Reibung gegenüber der Kompression senkrecht ab, und der Winkel φ wird größer. Darauf beruht z. B. das Wachstum von φ bei sichtbar abnehmenden Streckungsbeträgen und Verringerung der b-achsialen Deformationsstrukturen von den äußeren zu den inneren Teilen der Freiberger Gneiskuppel. Ebenso liegen die 90°-Zweigürtel des Granulitgebirges zwischen dem durch Kristallisationsregelung unter Druck senkrecht s bedingten Pseudozweigürtel-Faziesbereich ohne wesentliche Tangentialverformung und dem Schieferdach mit starker linearer Streckung und entsprechend kleinerem Winkel φ.

Der hier gefundene Zusammenhang zwischen der Winkelgröße φ und der Streckung in b steht in einem gewissen Widerspruch zu der von Sander (1950) angenommenen Beeinflussung des Winkels im Sinne seiner Verkleinerung bei wachsender rhombischer Pressung senkrecht ab, die parallel der Winkelhalbierenden des spitzen Winkels von $Okl/O\bar{k}l$ wirkt.

Häufig wird die Beziehung der Scherflächenscharen zum Stress in einem zweidimensionalen bc-Schnitt beschrieben unter der Annahme, daß in dieser Ebene die größte und kleinste Hauptnormalspannung liegt und daß $\sigma_x = \sigma_y$ ist. Aus Versuchsergebnissen bildsamer Formgebung bei Metallen ist durch die Arbeiten von Lode (1926) sowie Roš und Eichinger (1926, 1949) jedoch bekannt, daß die Lage der mittleren Hauptspannung den Materialfluß und auch die damit verbundene Gleitschichtenbildung maßgebend beeinflußt.

Die bildsamen Formänderungen (ε_x, ε_y, ε_z) in den drei Hauptspannungsrichtungen lassen sich nach Roš mit folgender Gleichung ausdrücken:

$$\varepsilon_x = \delta\,[\sigma_x - {}^1/_2\,(\sigma_y + \sigma_z)]\,,$$
$$\varepsilon_y = \delta\,[\sigma_y - {}^1/_2\,(\sigma_z + \sigma_x)]\,,$$
$$\varepsilon_z = \delta\,[\sigma_z - {}^1/_2\,(\sigma_x + \sigma_y)]\,.$$

δ ist eine vom Werkstoff (u. a. von den plastischen Eigenschaften) und dem Spannungszustand (u. a. von der Größe der Grenzflächenreibung) abhängige Größe. Aus dieser Gleichung ist zu erkennen, daß nur dann kein Materialfluß in Richtung der mittleren Hauptspannung σ_y auftritt, wenn diese gerade in der Mitte zwischen den beiden äußeren Hauptspannungen σ_x und σ_z liegt, wenn also

$$\sigma_y = \frac{\delta_x + \delta_z}{2}$$

ist.

Bei jeder anderen Lage der mittleren Hauptspannung findet je nach der Größe der Abweichung eine mehr oder weniger starke Formänderung in der y-Richtung statt.

Die Beziehungen der Gleichung nach Roš können nach KÖRBER und SIEBEL (1928) auch mit Hilfe einer Theorie des Formänderungsmechanismus dargestellt werden, nach der die Formänderung auf zwei gleichwertigen Gleitsystemen vor sich geht, die sich unter einem bestimmten, von der Lage der mittleren Hauptspannung abhängigen Winkel kreuzen.

Jedes dieser beiden Systeme besteht aus zwei senkrecht aufeinander stehenden Gleitebenen, deren Schnittkante die Systemachse ist. Beide Systemachsen stehen zu einer äußeren Hauptspannung senkrecht. Formänderungen finden nur senkrecht zu den Systemachsen, nicht aber in Richtung der Achsen statt. Diese Theorie der Gleitsysteme wurde von KÖRBER und SIEBEL sowie von KÖRBER und HOFF (1928) entwickelt, um die Reißwinkelbildung an kaltgewalzten Metallen zu erklären. Dieser Reißwinkel kann je nach den Versuchsbedingungen etwa zwischen 90° und 30° schwanken und entspricht, auf den Zweigürtelmechanismus übertragen, dem Winkel φ. Natürlich lassen sich diese Vorstellungen auf den geologischen Körper nur mittelbar übertragen, jedoch zeigen sie in Verbindung mit den oben erwähnten Druckfestigkeitsbestimmungen an Gesteinen, daß aus den Ergebnissen der experimentellen Verformung durchaus Rückschlüsse auf petrotektonische Prozesse möglich sind. Im einzelnen bleiben noch viele komplizierte Fragen der Plastizitätstheorie und der triachsialen Verformung in Verbindung mit Rekristallisationsvorgängen offen, über die noch sehr wenig bekannt ist.

Trotz vieler Ähnlichkeiten mit den Gleitschichten bei Metallen ist das Wirkungsbild der $Okl/O\bar{k}l$-Flächen davon verschieden. Folgende Möglichkeiten sind gegeben:

1. Entsprechend der Ausgangslage zu den beiden Ebenen maximaler Schubspannung reagiert jedes Korn mit Rotation der c-Achse in das lagegünstigste Maximum. Eigentliche Scherflächen sind dann weder im Dünnschliffbild noch durch AVA-RG-Kornverteilungsbilder sichtbar zu machen. Die Flächen maximaler Schubspannung ergeben sich nur über die statistische Erfassung der Kristallorientierung aus dem c-Achsendiagramm.
2. Die Ebenen maximaler Schubspannung werden im RG-Kornverteilungsbild über statistische Anhäufungen von definierten Drehlagen entlang dieser Ebenen sichtbar. Einzelne Scherflächen treten innerhalb des Quarzteilgefüges in Aktion, die je nach ihrem Abstand zu kornhomogener bzw. korninhomogener Zerscherung führen. An den Schnittkanten von $Okl/O\bar{k}l$ ergibt sich stärkere Zerscherung mit Anhäufungen von Körnern kleinster Kornquerschnittsareale.
3. Entlang den Scherflächen erfolgt Kornlängung, entweder mechanisch über Lamellenmechanismus oder durch Rekristallisation.
4. Die Scherflächen sind als solche bei Dünnschliffbetrachtung im Gesamtgefüge des Gesteins nachweisbar, z. B. auch im Glimmergefüge.

Kann die Kompression in a nicht mehr durch Streckung in b kompensiert werden, eventuell durch Anstieg der Verformungsgeschwindigkeit infolge Änderungen in den Hauptspannungsdifferenzen, der Temperatur usw., so konnten folgende Entwicklungen erkannt und statistisch belegt werden:

1. Das Zusammenklappen der Zweigürtel endet etwa bei 30°, dann erfolgt ihr Abbau.
2. Zum Okl-Zweigürtel tritt, besonders bei kleinem Winkel φ, oft ein zweiter Zweigürtel nach hOl, seltener nach hkO dazu. Diese beiden zusätzlichen Zweigürtelsysteme weisen auf entsprechende Streckung in a oder c hin. Obwohl die hOl- und hkO-Gürtel gegenüber dem Okl-System stets geringere Belegungsdichten besitzen, waren doch die gleichen festen Winkelbeziehungen der beteiligten Maxima in bezug auf die entsprechenden Scherflächen unabhängig von den Winkelgrößen φ_{hOl} und φ_{hkO}, zu bestätigen. Sind derartige komplexe Zweigürtelregelungen erkannt und nachgewiesen, könnte die Benennung der Maxima folgendermaßen vorgenommen werden: z. B. Okl_{50}, hOl_{20}, hkO_{90}, wobei die Indizes die Winkelposition der Maxima bezeichnen. Eine Benennung der Zweigürtelmaxima mit römischen Ziffern nach den bekannten Stereogrammen von SANDER und FAIRBAIRN müßte

vermieden werden, da die Maxima gegenüber *ab* veränderliche Positionen einnehmen und je nach der Lage der Gürtel im *hkl*-System an beliebigen Stellen erscheinen. Eine Anwendung der auf *ab* bezogenen Nomenklatur würde also völlig ungleichwertige Erscheinungsbilder zusammenfassen.

3. Erfolgt kräftige, ruckartige Scherung in *ab*, so lösen sich die Zweigürtel zu Maximum I und II auf.
4. Entwickeln sich *ac*-Gürtel, so hat sich der Verformungsmechanismus gewandelt, da nunmehr *h0l*-Scherflächenbündel wirksam werden, die zu Diagrammen mit Rotationssymmetrie um *b* führen.

4. Zusammenfassung

Überblickt man unter Verwendung des bis jetzt vorliegenden Materials die Korngefügeentwicklung im metamorphen Grundgebirge Sachsens, so zeichnen sich erstaunlich großzügig und einheitlich aufgebaute Bereiche der Korngefügefazies ab.

1. Der Tiefenkristallinklotz des Granulitgebirges mit Pseudozweigürtelfazies als Ausdruck einer Kristallisation unter rhombischer Pressung senkrecht *ab* repräsentiert das tiefste Stockwerk. Alle Gesteine liegen hier als typische S-Tektonite vor.
2. Das nächstfolgende Stockwerk beginnt bereits in den hangenden Partien des Granulits und ist durch eine *b'*-Lineation gekennzeichnet, die aus der beherrschenden NE–SW-Richtung im Granulitkern zum Hangenden hin allmählich in ein mittleres Streichen von etwa 120° umschwenkt. Das gesamte erzgebirgische Gneisgebiet wird von dieser *b'*-Lineation senkrecht zum Gebirgsstreichen betroffen. Die zu diesem Stockwerk zählenden Teile des Granulitgebirges und die tieferen Partien des Gneiskomplexes, vor allem die Zentren der Graugneiskuppeln, zeichnet Zweigürtelregelung mit $\varphi \sim 90°$ aus. Primäre Streueffekte (z. B. durch hohe Glimmergehalte) und sekundäre Streuung (z. B. Entregelungen durch Rekristallisationen im Gefolge von Granitunterteufungen) wirken symmetrieerniedrigend. Die Gesteine entsprechen S-Tektoniten.
3. Die oberen Teile der Graugneise und vor allem die Muskowitplattengneise charakterisiert neben starker Streckung in *b* Zweigürtelregelung mit kleinem Winkel φ, d. h., in diesem Horizont herrscht ein kräftiger tangentialer Materialfluß. Er wird überlagert von *h0l*- und *hk0*-Zweigürteln, rotationeller Verformung mit *ac*-Gürteln und Scherung in *ab* mit Maxima I/II.
4. Im obersten Stockwerk herrschen B-Tektonite mit *ac*-Gürteln und S/B-Tektonite mit wirteligen, monoklinen und triklinen Regelungsbildern unterschiedlicher Genese. Maximum I tritt besonders in den Regelungsbildern der augenreichen Rotgneistypen am Rande von Rotgneiskuppeln in Erscheinung. Im Glimmerschiefermantel schließlich wird das Regelungsbild durch starke primäre Streuung unscharf, trotzdem sind erkennbar und in den Quarzknauern sehr schön abgebildet Zweigürtel, einfache und doppelte *ac*-Gürtel, Maxima I/II, Kleinkreise um *c* im Gefolge von Transversalschieferungssystemen und trikline Maximalagen.

Es ist zu erkennen, daß in den unteren Profilteilen bis zum spitzen Zweigürtel hinauf eine ruhige, sehr gleichmäßige Verformung mit rhombischer, fastrhombischer und schließlich monokliner Regelungssymmetrie vorherrscht bei zunehmender Streckung in *b* zum Hangenden hin. Sehr unruhig und wechselhaft im Verformungsstil mit monokliner und trikliner Symmetrie sind die obersten Profilglieder des Kristallins in der Übergangszone zur Schiefergebirgstektonik. Die bemerkenswert konstante rhombische Quasisymmetrie und die Gleichförmigkeit des Regelungs- und Lineationsbildes weisen für die variskische Hauptgefügeprägung des besprochenen Gebietes einen großzügigen, in Stockwerke gegliederten Bauplan nach, der bis auf Entregelungen im Zuge von Granitintrusionen keine wesentliche Überprägung mehr erfuhr.

Im Faziesschema auf Abb. 19 sind die wichtigsten Faziescharakteristika nochmals zusammengestellt. Die einzelnen Gefügestockwerke lassen eine deutlich steigende Tendenz zur rhombischen Symmetrie und eine Abnahme der horizontalen Verformung nach der Tiefe hin erkennen. Dabei sind jedoch die Kornform und die stoffliche Konzentrierung des Quarzteilgefüges parallel dem Streckungslinear allein nicht unbedingt ein Maß für die Größe der Formänderung des Gesteinskörpers in dieser Richtung. Nach Schmidt (1925) kann man bei kristallisationsschiefrigen Gesteinen aus dem Vorhandensein der Streckung nicht unmittelbar auf ein tektonisches Korrelat für den Gesamtkörper schließen, da die Kornform und Kornanordnung durch chemische Umformung im Teilgefüge verursacht sein können. Im Zweigürtelbereich ist jedoch auf Grund der mechanischen Umformung über den Winkel φ die aktive Längung in Streckungsrichtung abzuleiten.

Der deutliche Unterschied im Regelungsprinzip des untersten Stockwerkes gegenüber den höheren entspricht auch etwa dem von Schmidt gezogenen Schnitt bei Vergleich mit warmreckender und kaltreckender Formgebung.

Herrn Professor Dr. A. Watznauer danke ich für seine Unterstützung, die mir die Durchführung der für diese Arbeit notwendigen umfangreichen Meßarbeiten am Geologischen Institut der Bergakademie Freiberg erlaubte, und für die kritische Durchsicht des Manuskriptes.

Herrn Dipl.-Geol. J. Hofmann und Herrn Dipl.-Geol. M. Kurze danke ich für zahlreiche anregende Diskussionen und Einsichtnahme in ihre noch unveröffentlichten Gefügeunterlagen.

Abb. 19. Faziesschema des Quarzkorngefüges im kristallinen Grundgebirge Sachsens.

(zunehmende Tiefe ↓; zunehmende Streckung in *b* ↑)

Verformung	Regelungstyp (Gefügefazies)	Real-symmetrie	an der Regelung beteiligte Scherflächen				bevorzugtes Auftreten
Streckung in *a*	Maximum I	wirtelig	*ab*	—	—	—	in Scherhorizonten aller Stockwerke
	Maximum II	monoklin	*ab*	—	—	—	
Rotation um *b*	*ac*-Gürtel	monoklin	*ab*	—	*hOl*	—	Phyllit Glimmerschiefer und darin eingeschaltete Gesteine
Rotation um *b* zusätzlich Streckung in *a*	*ac*-Gürtel mit Kleinkreisen um *c*	monoklin	*ab*	*Okl*	*hOl*	—	
	Kleinkreise um *b*	rhombisch	?				
zusätzlich Streckung in *c*	*Okl*-Zweigürtel kombiniert mit *hkO*-Zweigürtel	monoklin	*ab*	*Okl*	—	*hkO*	
zusätzlich Streckung in *a*	*Okl*-Zweigürtel kombiniert mit *hOl*-Zweigürtel	monoklin	*ab*	*Okl*	*hOl*	—	äußere Graugneise
	Okl-Zweigürtel $\varphi < 90°$	monoklin	*ab*	*Okl*	—	—	Granulite im Erzgebirge äußere Graugneise Teile der inneren Graugneise
	Okl-Zweigürtel $\varphi \sim 90°$	fast-rhombisch	*ab*	*Okl*	—	—	innere Graugneise (Kerngneise) Randgranulite des Granulitgebirges
	Pseudozweigürtel	rhombisch	*ab*	—	—	—	Kerngranulite

Literatur

ANDERSON, J. L.: Deformation planes and crystallographic directions in quartz. Geol. Soc. America Bull., 56 (1945) S. 409–430.

BECKER, G. F.: Finite homogeneous strain; flow and rupture of rocks. Bull. Geol. Soc. America 4 (1893).

BEHR, H. J., FRITSCH, E. und MANSFELD, L.: Die Granulite von Zöblitz im Erzgebirge als Beispiel für Granulitbildung in tiefreichenden Scherhorizonten. Krystalinikum, 3 Prag 1964.

BEHR, H.-J.: Beiträge zur petrographischen und tektonischen Analyse des sächsischen Granulitgebirges. Freib.-Forsch.-H. C 119 (1961).

BLOSS, D. and DONALD, F.: Anisotropy of fracture in quartz. Am. J. of Science, 255 (1957) S. 214–225.

BORG, IRIS and MAXWELL, J. C.: Interpretation of fabrics of experimentally deformed sands. Am. J. Science, 254 (1956) S. 71–81.

BRACE, F. W.: Orientation of anisotropic minerals in a stress field: Discussion. Geol. Soc. America, Mem., 79 (1960) S. 9–20.

CHRISTIE, J. M. and RALEIGH, C. B.: The origin of deformation lamellae in quartz. Am. J. of Science, 257 (1959) S. 285–407.

CLOOS, H.: Quarzgefügestudien im östlichen Graubünden. Min. u. Petr. Mitt., 46 (1935).

DIMROTH, E.: Untersuchungen zum Mechanismus von Blastesis und Syntexis in Phylliten und Hornfelsen des südwestlichen Fichtelgebirges. Tschermaks min. u. petr. Mitt., 3. Folge, 8 (1962) S. 248–274.

DOUFFET, K.-H.: Gefügekundliche Untersuchungen im NE-Teil des Granulitgebirgsmantels. Unveröffentlichte Diplom-Arbeit am Geologischen Institut der Bergakademie Freiberg (1957).

DRONG, H. J.: Das Migmatitgebiet des „Winnebachgranits“ (Ötztal-Tirol) als Beispiel einer petrotektonischen Analyse. Tschermaks min. u. petr. Mitt., 7 (1959) S. 1–69.

DRUGMANN, J.: Prismatic cleavage and steep rhombohedral form in α quartz. Mineralog. Mag., 25 (1939) S. 259–263.

ESKOLA-BARTH-CORRENS: Die Entstehung der Gesteine. Springer-Verlag, Berlin 1939.

FAIRBAIRN, H. W.: Correlation of quartz deformation with its crystal structure. Am. Mineralogist., 24 (1939) S. 351–368.

FAIRBAIRN, H. W.: Deformation lamellae in quartz from the Ajibitz formation, Michigan. Geol. Soc. America Bull., 52 (1941) S. 1265–1277.

FISCHER, G.: Über die Auswertung von Gefügediagrammen. Abh. dtsch. Akad. Wiss. Berlin, Klasse III, 1 (1960).

FÖPPEL, H.: Mitteilungen der Technischen Hochschule München, H. 27.

FRITSCH, E.: Kartierung der Glimmerschiefer innerhalb der Scholle von Zöblitz. Unveröffentl. Dipl.-Arbeit am Geolog. Institut der Bergakademie Freiberg (1963).

GRIGGS, D. T. and BELL, J. F.: Experiments bearing on the orientation of quartz in deformed rocks. Geol. Soc. America Bull., 49 (1938) S. 1723–1746.

HARA, I.: Dynamic interpretation of the simple typ of calcite and quartz fabrics in the naturally deformed calcite-quartz vein. J. Sci. Hiroshima Univ., Series C, 4 (1961) S. 35–54.

HARA, I.: Petrofabric study of the lamellar structures in quartz. J. Sci. Hiroshima Univ., Series C, 4 (1961) No. 1, S. 55–70.

HARA, I.: Studies on the structure of the Ryoke metamorphic rocks of the Kasagi District, Southwest Japan. J. Sci. Hiroshima Univ., Series C, 4 (1962) No. 2, S. 163–223.

HIETANEN, ANNA: On the petrology of the Finnish quartzites. Comm. Geol. de Finlande Bull., no. 122 (1938).

HÖFER, K.-H.: Beitrag zur Frage der Standfestigkeit von Bergfesten im Kalibergbau. Freib.-Forsch.-H. A 100 (1958) S. 1–148.

HUBBERT, M. K.: Mechanical Basis for Certain Familiar Geologic Structures. Bull. Geol. Soc. of America, 62 (1951) S. 355–372.

Ingerson, E. and Tuttle, O. F.: Relations of lamellae and crystallography of quartz and fabric directions in some deformed rocks. Am. Geophys. Union Trans., **26** (1945) S. 95—105.

Kamb, B.: Theory of preferred crystal orientation developed by crystallization under stress. J. Geology, **67** (1959) S. 153—170.

Koark, H. J.: Gefügeregel und Gefügegenität von einem Quarz in Quarz-B-Tektonit. Bull. of the geol. Institutions of the Univ. of Uppsala, **37** (1957) S. 43—78.

Körber, F. und Siebel, E.: Zur Theorie der Reißwinkelbildung. Mitt. K. W. Inst. Eisenforschung, **10** (1928) S. 189—192.

Kojima, G. and Suzuki, T.: Rock structure and quartz fabric in a thrusting shear zone in Shikoku, Japan. J. Sci. Hiroshima Univ., Series C, **2** (1958) S. 173—193.

Kojima, G. and Hide, K.: Kinematic interpretation of the quartz fabric of triclinic tectonites from Besslie, Central Shikoku, Japan. J. Sci. Hiroshima Univ., Series C, **2** (1958) S. 195—226.

Kvapil, R.: Natürliche Gesteinszerstörung. Freib.-Forsch.-H. **A 156** (1961) S. 1—78.

Lode, W.: Versuche über den Einfluß der mittleren Hauptspannung usw. Z. angew. Math. Mech., **5** (1926) S. 142.

Mallard, E.: Sur les clivages du quartz. Soc. Min. France, Bull., **V 13** (1890) S. 61—62.

Mansfeld, L.: Petrographische Untersuchungen an Granulitgneisen des Erzgebirges. Unveröffentlichte Diplom-Arbeit am Geologischen Institut der Bergakademie Freiberg (1961).

Nemeč, D.: Das Quarzgefüge im Moravikum und im benachbarten Moldanubikum Westmährens (in tschechisch). Naklad. Českolov. Akad. Věd Praha (1961) Ustředny ustav Geologisky, Knikovna UUG sv. 37.

Preston, J.: Quartz lamellae in some Finnish quartzites. Comm. geol. de Finlande Bull, **180** (1958) S. 65—78.

Roš, M. und Eichinger, A.: Versuche zur Klärung der Bruchgefahr. Mitt. a. d. eidgen. Mat.-Prüf.-Inst., Zürich (1926).

Roš, M. und Eichinger, A.: Die Bruchgefahr fester Körper bei ruhender statischer Beanspruchung. Eidgen. Mat.-Prüf. u. Versuchsanstalt fr. Ind. Bauw. u. Gew. Zürich. Bericht Nr. 172 (1949).

Riley, N. A.: Structural petrology of the Baraboo quartzite. Jour. Geology, **55** (1947) S. 453—475.

Sander, B.: Gefügekunde der Gesteine. Springer-Verlag, Wien 1930.

Sander, B.: Fortschritte der Gefügekunde der Gesteine. Fortschr. Miner. Krist. Petrogr., **18** (1933) S. 111—170.

Sander, B.: Einführung in die Gefügekunde der geologischen Körper. I. Teil. (1948).

Sander, B.: Einführung in die Gefügekunde der geologischen Körper. II. Teil. Wien und Innsbruck, 1950.

Scheumann, K.-H.: Boudinagen und Mikroboudinagen im metagabbrischen Plagioklas-Amphibolit von Roßwein. Abh. d. Sächs. Akad. d. Wiss. Leipzig, math.-nat. Kl., **45** (1956).

Scheumann, K.-H.: Über die petrogenetische Ableitung der roten Erzgebirgsgneise. Tscherm. Min. Petr. Mitt., **42** (1956) S. 413—454.

Scheumann, K.-H. und Behr, H.-J.: Konvergenzerscheinungen am Rande des sächsischen Granulits. Abh. der sächs. Akad. d. Wiss. Math.-naturw. Kl. **47** (1963) H. 4, S. 1—18.

Schmidt, W.: Gefügesymmetrie und Tektonik. Jahrb. geol. Bundesanst. Wien, **76** (1926) S. 407—430.

Schmidt, W.: Gesteinsumformung. Denkschr. des naturhist. Museums in Wien, **3** (1925) S. 1—64.

Schmidt, W.: Untersuchung über die Regelung des Quarzgefüges kristalliner Schiefer. Fortschr. der Mineralogie, **11** (1928) S. 27—29.

Schmidt, W.: Tektonik und Verformungslehre. Gebrüder Borntraeger, Berlin.

Schwarzacher, W. und Untersteiner, B.: Zum Problem der Bänderung des Gletschereises. Sitzungsber. d. Österr. Akad. d. Wiss., Math.-nat. Kl., **162 IIa** (1953) S. 111—145.

Seng, H.: Die Gefügeeigenschaften von Granuliten. Miner. Petr. Mitt., **41** (1931) S. 453.

Sonder, R. A.: Über Spannungsverteilung. Schweiz. Miner. Petr. Mitt., **13** (1933) S. 471.

Sosmann, R. B.: The properties of silica. New York, Chemical Catalog Co (1927).

Trommsdorf, V. und Wenk, E.: Diskussion eines Zwillingsgefüges durch Achsenverteilungsanalyse an Quarz eines Tessinergneises. Schweiz. Miner. Petrogr. Mitt., **43** (1963) S. 687—698.

Turner, F. J.: Note on the tectonic significance of deformation lamellae in quartz and calcite. Am. Geophys. Union. Trans., **29** (1948) S. 565—569.

Voll, G.: New work on petrofabrics. Geol. J., **2** (1960) S. 503—567.

Watznauer, A.: Zum Begriff der petrographischen Fazies. Ber. d. Geol. Ges. DDR, 1964 (im Druck).

Weiss, L. E.: A study of tectonic styl. Calif. Univ. Dept. Geol. Sci. Publ., **30** (1954) S. 1—102.

Wiedemann, F.: Geologische und petrographische Situation der Serizit- und Chloritgneise der Elbtalzone. Freib.-Forsch.-H. C **55** (1958).

Bei Fragen zur Produktsicherheit wenden Sie sich bitte an:
If you have any questions regarding product safety,
please contact:

Walter de Gruyter GmbH
Genthiner Straße 13
10785 Berlin
productsafety@degruyterbrill.com